Cristhian Casanova

Transformando la movilidad urbana en Tulcán con un e-bike

Cristhian Casanova

Transformando la movilidad urbana en Tulcán con un e-bike

Transformando la movilidad urbana en Tulcán con un e-bike de diseño avanzado

Editorial Académica Española

Imprint

Any brand names and product names mentioned in this book are subject to trademark, brand or patent protection and are trademarks or registered trademarks of their respective holders. The use of brand names, product names, common names, trade names, product descriptions etc. even without a particular marking in this work is in no way to be construed to mean that such names may be regarded as unrestricted in respect of trademark and brand protection legislation and could thus be used by anyone.

Cover image: www.ingimage.com

Publisher:
Editorial Académica Española
is a trademark of
Dodo Books Indian Ocean Ltd. and OmniScriptum S.R.L publishing group

120 High Road, East Finchley, London, N2 9ED, United Kingdom
Str. Armeneasca 28/1, office 1, Chisinau MD-2012, Republic of Moldova, Europe
Printed at: see last page
ISBN: 978-613-9-46657-3

Agradecimientos

Hoy me dirijo a ustedes con un profundo sentido de gratitud y aprecio mientras presento mi tesis, un proyecto que ha sido el resultado de meses de esfuerzo, perseverancia y dedicación. En este momento tan significativo de mi vida académica, deseo expresar mi más sincero agradecimiento a todas las personas que han contribuido de alguna manera en este camino.

En primer lugar, quiero expresar mi gratitud a mi familia. A mis padres, quienes han sido mi mayor fuente de apoyo y aliento desde el principio. Su amor incondicional, paciencia y sacrificio han sido fundamentales para mi éxito académico. A mis hermanos, quienes siempre han estado Aí para escuchar y brindar su apoyo incondicional. Su presencia ha sido un faro de luz en los momentos más desafiantes.

Mi más profundo agradecimiento se dirige hacia mis profesores y asesores académicos. Su sabiduría, experiencia y dedicación han sido invaluables en mi formación como investigador. Gracias por su guía constante, por desafiarme intelectualmente y por brindarme las herramientas necesarias para alcanzar mis metas.

También quiero reconocer y agradecer a todos los participantes de mi investigación. Sin su colaboración y disposición para compartir sus experiencias y conocimientos, mi tesis no habría sido posible. Su contribución ha enriquecido enormemente mi trabajo y espero que los resultados obtenidos puedan ser de utilidad para la comunidad académica.

Además, me gustaría expresar mi reconocimiento a todas las personas que han sido una fuente de inspiración en mi vida. Desde figuras históricas hasta autores contemporáneos, sus ideas y logros han influido en mi pensamiento y han alimentado mi curiosidad intelectual. Gracias por abrir nuevos horizontes y desafiar mis propias limitaciones. A lo largo de este proceso, he enfrentado desafíos, dudas y momentos de agotamiento. Sin embargo, he demostrado una fortaleza interna y una determinación inquebrantable para seguir adelante.

Dedicatoria

Es un honor para mí presentarles mi tesis, un proyecto que representa el resultado de muchos meses de trabajo arduo y dedicación.

En primer lugar, quiero agradecer a mi familia por su apoyo incondicional durante todo este proceso. Sus palabras de aliento y su confianza en mí han sido fundamentales para mantenerme motivado y enfocado en mi meta.

También quiero agradecer a mis amigos, quienes han sido una fuente constante de apoyo emocional y han compartido conmigo momentos de alegría y de estrés durante esta etapa.

Agradezco profundamente a mis profesores, por su guía y orientación en el desarrollo de mi investigación. Sus comentarios y sugerencias me han ayudado a mejorar mi trabajo y a afinar mi enfoque.

Por último, quiero expresar mi gratitud hacia la comunidad académica, quienes han sido una fuente de inspiración y motivación para mí. Espero que este proyecto pueda contribuir al avance del conocimiento en nuestro campo de estudio y pueda ser útil para aquellos que deseen profundizar en este tema.

Esta tesis es el resultado del esfuerzo conjunto de muchas personas que han creído en mí y me han apoyado en este camino. Espero que este proyecto sea una muestra de mi compromiso con la excelencia académica y con el deseo de hacer una contribución positiva a nuestra sociedad.

Gracias por tomarse el tiempo de leer mi tesis.

ÍNDICE DE CONTENIDO

ÍNDICE DE TABLAS

Resumen

La tesis documentó el desarrollo de una bicicleta eléctrica (ebike) que, tras un meticuloso proceso de diseño y construcción, logró superar las prestaciones de autonomía y velocidad de los modelos disponibles en el mercado. Se alcanzó una autonomía excepcional de 120 kilómetros en modo eco y 80 kilómetros en modo power. Además, gracias a ciertas modificaciones estratégicas, se obtuvo una velocidad máxima de 70 km/h.

El estudio detalló cada etapa del proyecto, desde la recopilación de datos mediante encuestas hasta la aplicación de cálculos complejos para optimizar el rendimiento. La investigación demostró que es posible mejorar significativamente la eficiencia y la potencia de las ebikes, lo que representa un avance significativo en la tecnología de transporte personal sostenible.

Este logro no solo evidencia el potencial de las ebikes como una alternativa viable y ecológica, sino que también establece un precedente para futuras innovaciones en el campo. La tesis resalta la importancia de la investigación y el desarrollo continuo para alcanzar soluciones de movilidad más sostenibles y eficientes, capaces de satisfacer las necesidades de los usuarios modernos y contribuir a la protección del medio ambiente.

Abstract

The thesis documented the development of an electric bicycle (ebike) that, after a meticulous design and construction process, managed to surpass the autonomy and speed features of the models available on the market. An exceptional autonomy of 120 kilometers in eco mode and 80 kilometers in power mode was achieved. In addition, thanks to certain strategic modifications, a maximum speed of 70 km/h was obtained.
The study detailed each stage of the project, from data collection through surveys to the application of complex calculations to optimize performance. The research demonstrated that it is possible to significantly improve the efficiency and power of ebikes, representing a significant advance in sustainable personal transport technology.
This achievement not only evidences the potential of ebikes as a viable and ecological alternative but also sets a precedent for future innovations in the field. The thesis highlights the importance of continuous research and development to achieve more sustainable and efficient mobility solutions, capable of meeting the needs of modern users and contributing to environmental protection.

CAPITULO 1

Introducción

La historia de las bicicletas eléctricas, o e-bikes, se remonta a más de un siglo. Aunque las versiones modernas de bicicletas eléctricas se han vuelto populares en las últimas décadas, el concepto de utilizar motores eléctricos para impulsar bicicletas existe desde finales del siglo XIX. La primera patente conocida de una bicicleta eléctrica se remonta a 1895, cuando Ogden Bolton Jr. presentó una solicitud de patente para un "motor de bicicleta eléctrica". Este invento revolucionario sentó las bases para el futuro desarrollo de las bicicletas eléctricas, aunque aún faltarían décadas para su adopción generalizada. Durante el siglo XX, la tecnología de las bicicletas eléctricas logró avances significativos, pero su popularidad aún era limitada. Las bicicletas eléctricas comenzaron a atraer la atención del público en la década de 1990, especialmente en países como China y Japón, donde su popularidad fue impulsada por la congestión del tráfico y la búsqueda de alternativas de transporte sostenibles. A medida que mejora la tecnología de las baterías y los motores eléctricos, las bicicletas eléctricas se vuelven más asequibles y prácticas para un público más amplio. Europa también ha desempeñado un papel crucial en la promoción del desarrollo de las bicicletas eléctricas, donde los incentivos gubernamentales y la creciente conciencia ambiental han promovido las bicicletas eléctricas como un medio de transporte limpio y eficiente. El mercado mundial de bicicletas eléctricas ha experimentado un crecimiento exponencial en los últimos años, con mejoras significativas en la duración de la batería, la potencia del motor y la variedad de modelos disponibles. Diseñadas para desplazamientos y viajes cortos, las bicicletas urbanas son populares entre los habitantes de las ciudades que buscan alternativas sostenibles al transporte motorizado. Las bicicletas eléctricas de montaña, por otro lado, han cambiado la forma en que los ciclistas experimentan terrenos desafiantes, brindando un impulso adicional para afrontar más fácilmente pendientes pronunciadas y cubrir largas distancias.

Antecedentes

Planteamiento Del Problema

La carencia de información dentro del Instituto Superior Tecnológico "Vicente fierro" acerca de los nuevos avances tecnológicos en el mercado acerca de tecnología en motores eléctricos y tecnología en vehículos de dos ruedas dentro de la rama de bicicletas eléctricas, ha resultado en una incapacidad parcial o total dentro del Instituto debido a que, han pasado varios años desde la salida de esta clase de vehículos al mercado y pese a ello pocos han sido los esfuerzos por implementar esta clase de tecnología dentro de las instalaciones del lugar donde se forman los profesionales día a día. Muchos de estos profesionales no conocen el funcionamiento real de un motor eléctrico o la tecnología que este lleva para poder funcionar, muchos desean aprender acerca de este tipo de ciencias aplicadas e implementar esos conocimientos en su vida profesional, pero, es muy escaso el material didáctico que poseen las áreas de aprendizaje.

Se sabe que se ha pasado por un fenómeno global, siendo un virus causante de que se cambie el estilo de educación, así como la manera en la que docentes enseñen a sus alumnos, haciendo que muchos de ellos no tengan los conocimientos necesarios para despertar su curiosidad por la búsqueda de este tipo de información, así como el aprendizaje de estos conocimientos que son nuevos para muchos de ellos.

Por otro lado, está el nuevo mercado que, se impone día con día, vendiendo esta clase de vehículos hacia el público, los cuales muchos de ellos, por no decir la mayoría no tienen los requerimientos energéticos ni la velocidad final para que personas que precisan de un vehículo liviano para viajar cortas distancias. En lugar de ello empresas sacan vehículos con una baja autonomía por cada carga, además de una muy baja velocidad final dejando a las personas que adquieren estos productos con muy poco entusiasmadas con la compra.

Formulación Del Problema

¿Cómo se construye una bicicleta eléctrica capaz de tener autonomía de 80 kilómetros y velocidad máxima de 60 km/h?

Justificación

La construcción de una bicicleta eléctrica, también conocida como e-bike, se presenta como una excelente alternativa para aquellos que buscan un medio de transporte más sostenible y eficiente. Estas e-bikes están equipadas con motores eléctricos que asisten al ciclista en su pedaleo, permitiéndoles recorrer distancias más largas y superar pendientes con facilidad. Además, las e-bikes representan una alternativa económicamente más asequible y respetuosa con el medio ambiente en comparación con los vehículos motorizados tradicionales, ya que no emiten gases contaminantes y no dependen de combustibles fósiles.

La evolución tecnológica constante se refleja en las opciones de movilidad disponibles en la actualidad. Junto a las alternativas tradicionales como el transporte público y los vehículos particulares, las bicicletas eléctricas se alzan como una opción ecológica, permitiendo a las personas desplazarse distancias más extensas con menor esfuerzo. En entornos urbanos congestionados, las e-bikes ofrecen la ventaja de llegar más rápido a destino sin preocupaciones relacionadas con el tráfico.

En zonas rurales, donde la bicicleta es un medio de transporte popular, pero puede resultar agotador debido a las variaciones de terreno, las bicicletas eléctricas pueden ser una herramienta invaluable para superar estos obstáculos con facilidad. Sin embargo, es esencial tener en cuenta que esta tecnología aún es relativamente novedosa y requiere de mantenimiento especializado.

La falta de atención a esta necesidad de capacitación podría implicar una oportunidad perdida para futuros graduados, ya que el mercado de mantenimiento y reparación de estos dispositivos está en constante crecimiento. A medida que figuras públicas en el país fomentan el ciclismo en todas las edades, el mercado de estos productos se expandirá en un futuro cercano. Sin embargo, si no se implementa un proyecto educativo, podríamos encontrarnos en la misma situación que con tecnologías previas, como las cajas automáticas en vehículos o las reparaciones en vehículos híbridos, donde la falta de conocimiento local obstaculiza el desarrollo de estas áreas.

Con los conocimientos adquiridos a través de este proyecto, Se podrá obtener un título de tercer nivel que certificará su competencia en este campo. En resumen, invertir en una formación de tercer nivel en electromecánica es una decisión inteligente para quienes deseen especializarse en el diseño y mantenimiento de sistemas electrónicos y mecánicos. Los conocimientos obtenidos no solo brindarán acceso a nuevas oportunidades profesionales, sino que también desarrollarán habilidades valiosas para abordar desafíos complejos y proponer soluciones innovadoras en una amplia gama de campos.

Este proyecto tiene como objetivo adquirir nuevos conocimientos acerca del funcionamiento y control de motores eléctricos en bicicletas, incluyendo la construcción y planificación del sistema, así como la selección de baterías para mejorar el rendimiento. Esto se vuelve esencial dado el rápido crecimiento en la demanda de estos dispositivos en la provincia, donde la tecnología de bicicletas eléctricas es relativamente novedosa.

Además, la obtención de un título de tercer nivel servirá como un incentivo para continuar adquiriendo conocimientos y especializarse en el mantenimiento de nuevos vehículos y tecnologías.

Una de las razones fundamentales detrás de este proyecto es la necesidad de investigar aspectos clave, como el controlador que regula la batería y el motor, así como el medidor de velocidad y el acelerador. Estos componentes electrónicos deben operar en armonía para lograr un desempeño energético óptimo y cumplir el objetivo principal de construir un vehículo con buena autonomía y velocidad final. Además, se abordará el funcionamiento de los motores eléctricos en el contexto de las bicicletas, generando potencia y torque tanto a bajas como altas velocidades.

Este proyecto se basa en un enfoque de investigación cuantitativa estructurado para recopilar y analizar información a partir de diversas fuentes. Se emplearán herramientas estadísticas y matemáticas para cuantificar el problema de investigación, y se utilizarán tablas y diagramas de barras para representar los datos numéricos recopilados a través de encuestas y tablas de datos. Esto permitirá analizar de manera efectiva la información y llevar a cabo una investigación sólida en un campo de conocimiento relativamente nuevo para los estudiantes.

Objetivos

General

Construir un ebike con la selección de componentes electromecánicos mejorando la movilidad en la ciudad de Tulcán.

Específicos

- Identificar las características técnicas de un e-bike a través de recolección de datos bibliográficos para la selección adecuada de componentes.
- Descubrir el método de movilidad dentro de la ciudad de Tulcán y el impacto económico en los usuarios.
- Construir un prototipo de e-bike eléctrico bajo el principio de requerimientos técnicos, conforme a la necesidad del usuario.
- Validar la autonomía del e-bike eléctrico para lograr una mayor distancia de funcionamiento.

Hipótesis O Idea A Defender

Con la implementación de esta clase de dispositivo dentro del instituto se puede potenciar el aprendizaje dentro de la rama de la electricidad tanto para la carrera de Electricidad así como la carrera de electromecánica automotriz, así como las futuras implementaciones de este tipo de prototipos que hacen que el instituto sea reconocido por otras universales de la cuidad, así también se pretende utilizarlo como elementos de estudio abierto a mejoras continuas y constantes así como el fortalecimiento de nuevos conocimientos para los estudiantes del instituto.

Variables

Variable Independiente

- Parámetros de Diseño
- Autonomía
- Velocidad máxima

Variable Dependiente

- E-bike eléctrica

Recursos

Tabla 1:

Recursos Materiales

Detalle	Cant.	Precio U.	Precio T.
Motor eléctrico 1500 watts	1	700 usd	700 usd
Batería de 52 voltios a 12.8 Amperios	1	600 usd	600 usd
Suspensión delantera	1	50 usd	50 usd
Aros de bicicleta	2	25 usd	50 usd
Llantas montañeras	2	20 usd	40 usd
Silla	1	70 usd	70 usd
Pintura	1	100 usd	100 usd
Controlador de batería	1	150	150
Total		1960	1960

Nota. Adaptado de Recursos Materiales (Cristhian Casanova, 2024)

Tabla 2:

Recursos Humanos

Recurso Humano	Detalle
Comité tutorial	Docentes de la carrera de Mecánica Automotriz del Instituto Superior Tecnológico "Vicente Fierro"
Población muestra	25 personas de la ciudad de Tulcán

Nota. Adaptado de *Recursos Humanos* (Cristhian Casanova, 2024)

Cronograma

Tabla 3:

Cronograma de actividades

Resultado	Objetivos específicos	Actividades	Plazo de ejecución: Desde: Diciembre Hasta:		
			Febrero Mes 1 Mes 4	Mes 2	Mes 3
Se espera poder conocer los datos y requerimientos que el usuario necesite para seleccionar los componentes adecuados.	Identificar las características técnicas de un e-bike a través de recolección de datos bibliográficos para la selección adecuada de componentes.	Identificar la problemática que se tiene, y plantear una solución que se pueda realizar en el trascurso del año actual.	x x		
Se espera realizar un estudio de movilidad en la ciudad de Tulcán, donde se analice el sistema de	Descubrir el método de movilidad dentro de la ciudad de Tulcán y el impacto económico en los usuarios.	Recolectar datos a través de internet sobre la movilidad y presupuesto de transporte de usuarios promedio en la ciudad de Tulcán, esto se lo hará mediante encuestas.		x x x	

<table>
<tr>
<td>transporte público existente, las necesidades de los usuarios y el impacto económico que tiene en ellos.</td>
<td></td>
<td></td>
<td></td><td></td><td></td><td></td><td></td><td></td><td></td><td></td><td></td><td></td><td></td><td></td><td></td><td></td><td></td><td></td>
</tr>
<tr>
<td rowspan="2">Se espera obtener conocimiento sobre la construcción y funcionamiento de una Bicicleta eléctrica, a través de la información de tesis, libros, e internet.</td>
<td rowspan="2">Construir un prototipo de e-bike eléctrico bajo el principio de requerimientos técnicos, conforme a la necesidad del usuario.</td>
<td>Crear el planos del prototipo. Adquisición de materiales. Construcción del prototipo.</td>
<td></td><td></td><td></td><td></td><td></td><td></td><td>x</td><td>x</td><td>x</td><td></td><td></td><td></td><td></td><td></td><td></td><td></td>
</tr>
<tr>
<td>Prueba practica del prototipo ya finalizado.</td>
<td></td><td></td><td></td><td></td><td></td><td></td><td></td><td></td><td>x</td><td>x</td><td>x</td><td></td><td></td><td></td><td></td><td></td>
</tr>
<tr>
<td rowspan="3">Se espera tener un conocimiento más amplio del tema aplicando practica teórica</td>
<td rowspan="3">Un posible resultado de este objetivo podría ser lograr que el e-bike eléctrico aumente su autonomía de</td>
<td rowspan="3">Comprobar autonomía y velocidad final del prototipo de acuerdo a los requerimientos del usuario.</td>
<td></td><td></td><td></td><td></td><td>x</td><td>x</td><td>x</td><td>x</td><td>x</td><td>x</td><td></td><td></td><td></td><td></td><td></td><td></td>
</tr>
<tr>
<td></td><td></td><td></td><td></td><td></td><td></td><td></td><td></td><td></td><td>x</td><td>x</td><td>x</td><td></td><td></td><td></td><td></td>
</tr>
<tr>
<td></td><td></td><td></td><td></td><td></td><td></td><td></td><td></td><td></td><td></td><td></td><td>x</td><td>x</td><td>x</td><td>x</td><td>x</td>
</tr>
</table>

y técnica dentro de la construcción del prototipo.	funcionamiento en un 20%, lo que permitiría a los usuarios recorrer distancias más largas sin tener que recargar la batería.											x	x

Nota. Adaptado de Cronograma de actividades (Cristhian Casanova, 2024)

CAPITULO II:

MARCO TEÓRICO

Antecedentes Investigativos

Tema: DISEÑO Y CONSTRUCCIÓN DE UN MONOCICLO ELÉCTRICO

Autores: Ing. Guido Torres; Ing. Héctor Terán; Omar Chuquimarca; Daniel Peralta

Universidad: Universidad de las Fuerzas Armadas ESPE

Conclusión: De acuerdo con lo expuesto en el documento leído se puede apreciar que es un proyecto que incluye un bajo costo, y un buen cálculo de fuerzas y necesidades para las cuales se construyó este ebike eléctrico.

Tema: Diseño y construcción de un trike bike hibrido configurado para personas de la tercera edad como alternativa de movilidad

Autores: Byron Alexander Cango Cango; Alex Gonzalo Espinoza Reyes

Universidad: Universidad Politécnica Salesiana Sede Cuenca

Conclusión: De acuerdo con lo expuesto en este documento, se puede apreciar la construcción de dos clases de vehículos tipo bicicleta, de los cuales el primero es mecánico en su totalidad y el segundo es hibrido con posibilidad de ser solamente eléctrico, como resultado se tuvo un proyecto satisfactorio debido a que la mayoría de personas de la tercera edad se acogieron más al vehículo de tipo hibrido, dado que este facilita la movilidad y transporte de personas longevas.

Ebike Eléctrico

¿Qué Es?

Las bicicletas eléctricas, conocidas como eBikes, son una opción de transporte que ofrece numerosas ventajas en comparación con las bicicletas convencionales. Gracias a su motor eléctrico, proporcionan un impulso adicional que facilita los desplazamientos en cualquier terreno, ya sea en la ciudad o en la montaña. Además, su tamaño compacto y su funcionamiento silencioso y sin emisiones de gases contaminantes las convierten en una alternativa respetuosa con el medio ambiente. Con una eBike se puede disfrutar de la conducción y recorrer distancias más largas con mayor comodidad e independencia. Su popularidad ha aumentado considerablemente debido a sus numerosas ventajas y beneficios. (Bosch, 2023)

Figura 1
Ebike eléctrica

Nota. Adaptado de Ebike eléctrica (Vicesat, 2020), YouTube (https://n9.cl/8jz6n)

Beneficios Frente Al Transporte Convencional

Durante muchos tiempo se ha usado combustibles fósiles para sustentar un medio de transporte para las personas, pero muy poco se ha mencionado el hecho de buscar una alternativa para una fuente de energía renovable, que cuide del ambiente o ayude a las personas a movilizarse fácilmente por ciudad o el campo, es ahí donde aparecen las ebikes aportando varios beneficios como:

Reducción de emisiones de gases contaminantes: Las bicicletas eléctricas son mencionadas como una alternativa de transporte sostenible y respetuosa con el medio ambiente en el informe "Global Status Report on Road Safety 2018" de la Organización Mundial de la Salud (OMS) y la Federación Internacional del Automóvil (FIA).

Ahorro de dinero en combustible: Según un estudio realizado por el Instituto de Política de Transporte y Desarrollo (ITDP), las bicicletas eléctricas pueden ser hasta un 40% más económicas en términos de consumo de energía en comparación con los automóviles.

Contribución a la reducción de la contaminación acústica: La Agencia Europea de Medio Ambiente menciona en su informe "Transport and Environment Reporting Mechanism" que las bicicletas eléctricas son menos ruidosas que los vehículos motorizados, lo que ayuda a reducir la contaminación acústica.

Mayor eficiencia en el tráfico urbano: En un estudio publicado en la revista científica "Transportation Research Part C: Emerging

Technologies", se concluye que las bicicletas eléctricas pueden desplazarse más rápido que los automóviles en áreas urbanas congestionadas.

Beneficios para la salud: Según un artículo publicado en la revista científica "Preventive Medicine Reports", el uso regular de bicicletas eléctricas puede mejorar la aptitud física, reducir el riesgo de enfermedades cardiovasculares y promover un estilo de vida activo.

Mayor accesibilidad: La revista científica "Transport Reviews" destaca que las bicicletas eléctricas pueden ser utilizadas por personas de diferentes edades y niveles de condición física, lo que las convierte en una opción accesible para un amplio grupo de personas.

Autonomía y velocidad: Según el estudio "Electric Bicycles in North America" realizado por la Universidad de Tennessee, las bicicletas eléctricas pueden alcanzar velocidades de hasta 45 km/h y tienen una autonomía promedio de 40-90 kilómetros, lo que las hace adecuadas para viajes a corta y media distancia.

Contribución a la movilidad sostenible: La Comisión Europea destaca en su informe "Sustainable Urban Mobility Plans: National Guidelines" que las bicicletas eléctricas son una herramienta eficaz para fomentar la movilidad sostenible en las ciudades.

Reducción de la dependencia de los combustibles fósiles: Según el informe "Sustainable Transport: A Sourcebook for Policy-makers in Developing Cities" del Banco Mundial, las bicicletas eléctricas son una alternativa que puede ayudar a disminuir la dependencia de los combustibles fósiles en el sector del transporte.

Mitigación del cambio climático: En el informe "Global Mobility Report 2017" publicado por el Instituto de Recursos Mundiales, se menciona que el uso de bicicletas eléctricas puede contribuir a reducir las emisiones de gases de efecto invernadero y mitigar el cambio climático. (World Health Organization, 2018)

¿Qué Función Cumplen?

Las ebikes, son una opción de transporte cada vez más popular. Estas bicicletas combinan la energía humana con un motor eléctrico para proporcionar una experiencia de pedaleo asistido. A continuación, se detallan algunas de las funciones que cumplen las e-bikes:

Pedaleo asistido: Las ebikes cuentan con un motor eléctrico que brinda asistencia al pedaleo. Esto significa que se puede pedalear con menos esfuerzo y recorrer distancias más largas sin cansarte tanto.

Mayor velocidad y alcance: Gracias al motor eléctrico, las ebikes te permiten alcanzar velocidades más altas en comparación con una bicicleta tradicional. También aumentan el alcance de los viajes, ya que el motor ayuda a superar colinas y terrenos difíciles.

Modos de asistencia: La mayoría de las ebikes ofrecen diferentes modos de asistencia, como eco, normal y alto. Estos modos permiten ajustar la cantidad de ayuda que deseas recibir del motor eléctrico, según tus necesidades y preferencias.

Reducción del esfuerzo físico: Las ebikes son ideales para aquellos que desean disfrutar del ciclismo sin tener que hacer un esfuerzo físico excesivo. Se puede llegar al destino sin sudar demasiado, lo que las convierte en una opción conveniente para ir al trabajo o realizar mandados.

Beneficios para la salud y el medio ambiente: Aunque las ebikes brindan asistencia al pedaleo, aún requieren el hacer ejercicio físico. Esto puede contribuir a mejorar la condición física y bienestar general. Además, al utilizar una ebike en lugar de un vehículo motorizado, se está reduciendo las emisiones de carbono y ayudando a proteger el medio ambiente.

Estas son solo algunas de las funciones que cumplen las e-bikes. En resumen, las ebikes son una alternativa de transporte versátil, eficiente y respetuosa con el medio ambiente que ofrece comodidad y diversión al mismo tiempo. (Pérez, 2023)

Tipos De Ebikes

Ebike de montaña: Estas bicicletas eléctricas están diseñadas para terrenos difíciles y tienen una suspensión resistente. Suelen tener motores potentes y baterías grandes para soportar el terreno accidentado.

Figura 2
Ebike de montaña

Nota. Adaptado de Ebike de montaña (Nelson Guevara, 2020), Sanferbike (https://n9.cl/otjmr)

Ebike plegable: Estas bicicletas eléctricas son ideales para aquellos que necesitan un medio de transporte compacto y fácil de almacenar. Son perfectas para viajar en transporte público o guardar en espacios pequeños.

Figura 3
Ebike plegable

Nota. Adaptado de Ebike Plegable (Nelson Guevara, 2020), Sanferbike (https://n9.cl/otjmr)

Ebike urbana: Estas bicicletas eléctricas están diseñadas para la ciudad y suelen ser ligeras y ágiles. Tienen una posición de conducción cómoda y suelen tener accesorios como portaequipajes y luces.

Figura 4

Ebike urbana

Nota. Adaptado de Ebike Urbana (Nelson Guevara, 2020), Sanferbike (https://n9.cl/otjmr)

Ebike de carga: Estas bicicletas eléctricas están diseñadas para transportar cargas pesadas y tienen una capacidad de carga mayor que las ebikes tradicionales. Suelen tener motores potentes y baterías grandes para soportar la carga adicional.

Figura 5

Ebike de carga

Nota. Adaptado de Ebike de Carga (Guevara, 2020), Sanferbike (https://n9.cl/otjmr)

Cada tipo de ebike tiene sus propias características, pero todas tienen en común que son más eficientes y respetuosas con el medio ambiente que las bicicletas tradicionales. (Guevara, 2020)

Componentes Principales Del Ebike

Motor eléctrico: Es el corazón de la e-bike y se encuentra generalmente en la rueda trasera o en el pedalier. Proporciona asistencia al pedaleo o puede ser utilizado para propulsar la bicicleta por completo.

Figura 6

Motor eléctrico

Nota. Adaptado de Motor Eléctrico, (Felipe Tomo, 2019) Electricbike (https://n9.cl/o8p7a)

Batería: Almacena la energía necesaria para alimentar el motor. Las baterías de e-bike suelen ser de litio y se montan en la estructura de la bicicleta

Figura 7

Batería para motor de Ebike

Nota. Adaptado de Batería para motor de Ebike, (Amazon, 2024), amazon.com (https://n9.cl/s4vof)

Controlador: Es el cerebro de la e-bike y se encarga de regular y controlar la energía que fluye desde la batería hacia el motor.

Figura 8

Controlador de Ebike

Nota. Adaptado de Controlador de Ebike, (Amazon, 2024), amazon.com (https://n9.cl/z194g)

Sensor de pedaleo: Detecta la fuerza y velocidad del pedaleo del ciclista, lo que permite al motor proporcionar asistencia en función de la cantidad de esfuerzo aplicado.

Figura 9

Sensor de pedaleo

Nota. Adaptado de Sensor de pedaleo, (Juan Pérez, 2024), Triciclo Eléctrico (https://n9.cl/f81w4)

Display o panel de control: Proporciona información sobre la velocidad, nivel de asistencia, distancia recorrida y estado de la batería. Algunos modelos también permiten ajustar los modos de asistencia.

Figura 10:

Panel de control

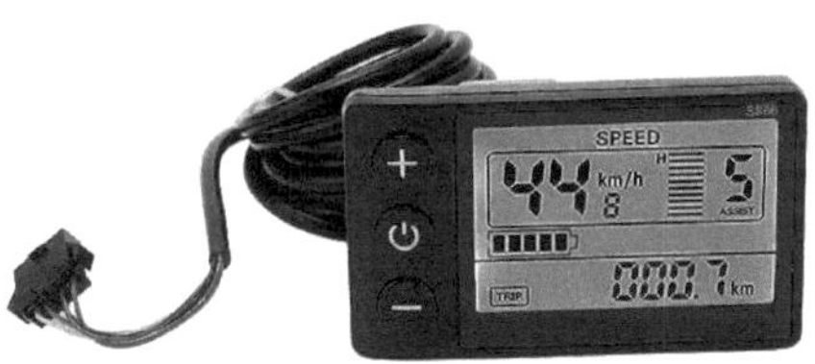

Nota. Adaptado de Panel de control, (amazon, 2024), Amazon.com (https://n9.cl/2f3mh)

Sistema de frenado: Puede incluir frenos de disco hidráulicos o mecánicos. Los frenos regenerativos también son comunes en las e-bikes, lo que ayuda a recargar la batería mientras se frena.

Figura 11

Sistema de frenado regenerativo

Nota. Adaptado de Sistema de frenado regenerativo, (Quadis, 2023), Quadis recambios (https://n9.cl/7it2f)

Ruedas: Las ruedas suelen ser reforzadas para soportar el peso adicional de una e-bike y pueden variar en tamaño dependiendo del tipo de bicicleta.

Figura 12
Rueda de Ebike

Nota. Adaptado de Rueda de Ebike, (Ebay, 2024), Ebay.com (https://n9.cl/y7fm1)

Motor Eléctrico
Ley de Ohm
¿Qué es la ley de Ohm?

La ley de Ohm, desarrollada por el físico alemán Georg Simon Ohm en el siglo XIX, establece que la corriente que fluye a través de un conductor es directamente proporcional al voltaje aplicado en él y es inversamente proporcional a la resistencia del conductor. Este descubrimiento fue resultado de los experimentos realizados por Ohm, que demostraron la relación fundamental entre los conductores eléctricos y su resistencia. Gracias a esta ley, pudimos comprender mejor los circuitos eléctricos y su funcionamiento, lo cual ha sido crucial para el avance de la tecnología y la electrificación en diversos campos. (Gouveia, 2023)

Fórmula de la ley de Ohm

La ley de Ohm expresada en forma de ecuación es

$$V = R*I$$

V: es el potencial eléctrico en voltios.

I: es la corriente en amperios.

R: es la resistencia en ohms.

Figura 13

Triángulo de Ohm

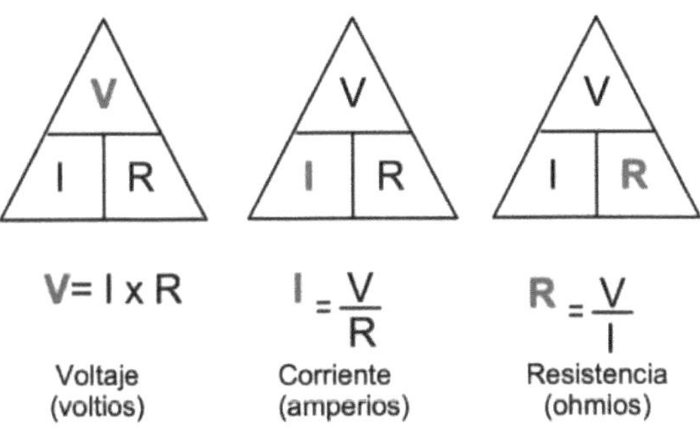

Nota. Adaptado de Triángulo de Ohm, (Rosimar Gouveia, 2024), Toda Materia (https://n9.cl/8imo)

Para entender la ley de Ohm, se debe aclarar los conceptos de carga, corriente y voltaje, así como explicar en qué consisten los conductores, los aislantes y la resistencia eléctrica.

Carga

La fuente de todas las cargas eléctricas reside en la estructura atómica. La carga de un electrón es la unidad básica de la carga. La medida para la carga es el coulomb (C) en honor al físico francés Charles Agustín de Coulomb. La carga de un electrón es igual a 1,60 x10-19 C. Esto significa que una carga de 1 C es igual a la carga de 6,25x1018 electrones. (Bosch, 2023)

Figura 14

Carga eléctrica

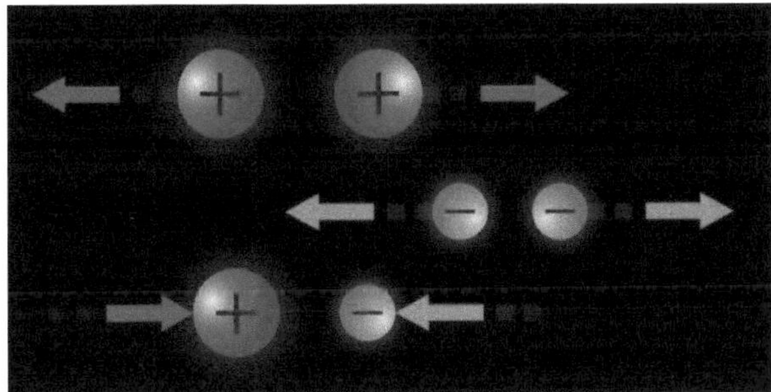

Nota. Adaptado de Carga eléctrica, (Estefania Coluccio, 2019), Concepto (https://n9.cl/0lhaj)

Corriente

La corriente eléctrica es el flujo de carga a través de un conductor por unidad de tiempo. La corriente eléctrica se mide en amperios (A). Un amperio es igual al flujo de 1 coulomb por segundo, es decir, 1A= 1C/s.

Figura 15

Corriente eléctrica

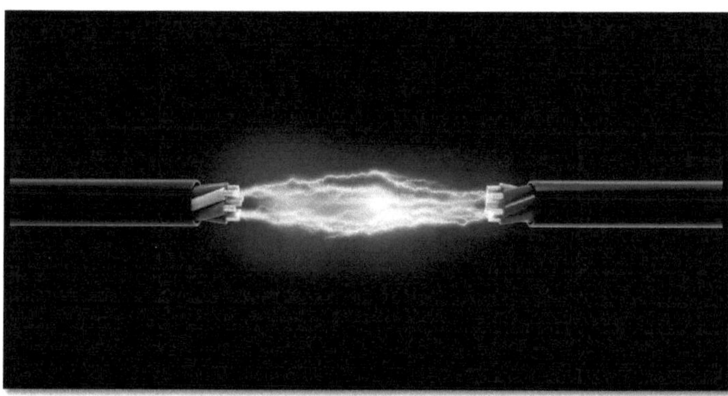

Nota. Adaptado de Corriente eléctrica, (Estefania Coluccio, 2019), Concepto (https://n9.cl/zhae5)

Voltaje

La corriente eléctrica que fluye por un conductor depende del potencial eléctrico o voltaje y de la resistencia del conductor al flujo de carga.

La corriente eléctrica es comparable al flujo del agua. La diferencia de la presión de agua en una manguera permite que el agua fluya desde una presión alta a una presión baja. La diferencia de potencial eléctrico medido en voltios permite el flujo de las cargas eléctricas por un cable desde una zona de potencial alto a uno bajo. (Gouveia, 2023)

La presión del agua se mantiene por una bomba, y la diferencia de potencial para la carga se mantiene por una batería.

Figura 16

Simbología del voltaje

Nota. Adaptado de Simbología del voltaje, (Julián Pérez, 2008), ¿Qué es el voltaje? (https://n9.cl/cx4kn)

Conductores

Aquellas sustancias por donde las cargas se mueven fácilmente se llaman conductores. Los metales son excelentes conductores debido a la descolocación o movimiento de sus electrones en su estructura cristalina atómica.

Por ejemplo, el cobre, que es usado comúnmente en cables y otros dispositivos eléctricos, contiene once electrones de valencia. Su estructura cristalina consta de doce átomos de cobre unidos a través de sus electrones descolocados. Estos electrones pueden ser considerados como un mar de electrones con la capacidad de migrar por el metal.

Conductores óhmicos: son aquellos que cumplen la ley de Ohm, es decir, la resistencia es constante a temperatura constante y no dependen de la diferencia de potencial aplicado. Por ejemplo: conductores metálicos.

Conductores no óhmicos: son aquellos conductores que no siguen la ley de Ohm, es decir, la resistencia varía dependiendo de la diferencia de potencial aplicado. Por ejemplo: ciertos componentes de aparatos electrónicos como computadoras, teléfonos celulares, etc. (Valencia, 2023)

Figura 17

Conductor

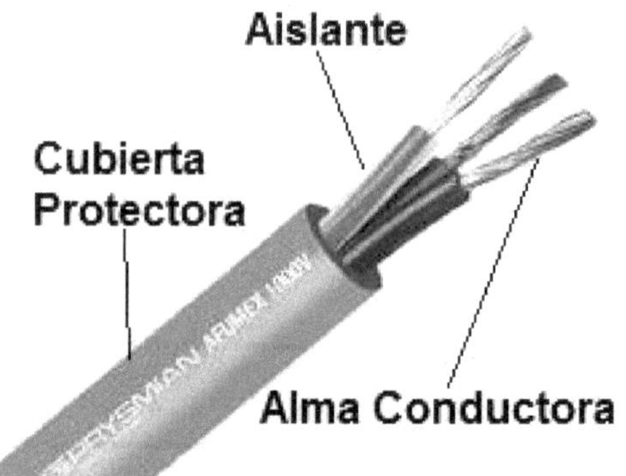

Nota. Adaptado de Conductor, (Jose Arteaga, 2015), Pretecnología (https://n9.cl/6vop1a)

Aislantes

Aquellas sustancias que resisten al movimiento de la carga son llamadas aislantes. Los electrones de valencia de los aislantes, como el agua y la madera, están fuertemente restringidos y no pueden moverse libremente por la sustancia.

Figura 18

Material aislante

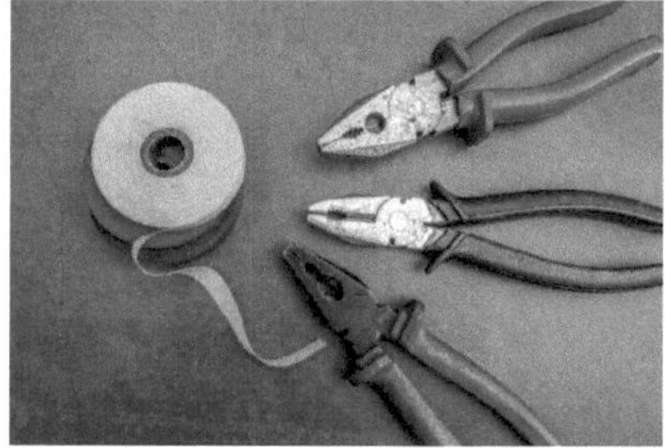

Nota. Adaptado de Material aislante, (Electron, 2024), Electron.com (https://n9.cl/2iiaq)

Circuitos eléctricos

Un circuito eléctrico es un sistema compuesto por diversos elementos interconectados que tienen la capacidad de generar, transportar y utilizar energía eléctrica para su conversión en otras formas de energía, como calor, luz o movimiento. Estos elementos esenciales son el generador, el conductor, la resistencia eléctrica y el interruptor.

Figura 19:

Partes y componentes principales de un circuito eléctrico

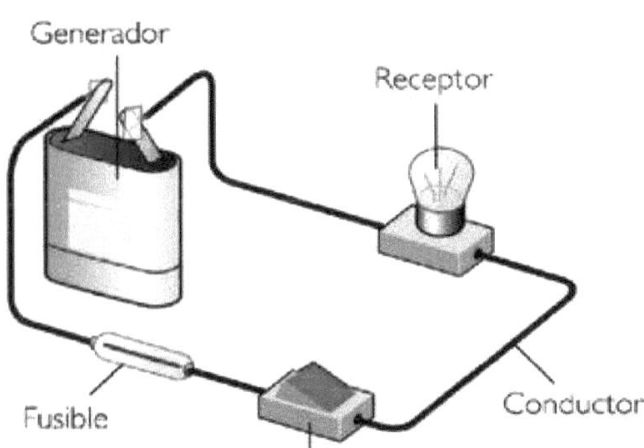

Nota. Adaptado de Partes y componentes principales de un circuito eléctrico (Jose Arevalo, 2022), Areatecnologia.com (https://n9.cl/91owi3)

El generador es la parte del circuito encargada de producir la electricidad al mantener una diferencia de tensión entre sus extremos. Actúa como una fuente de energía que impulsa a los electrones a través del circuito.

El conductor, por su parte, es el hilo o cable que permite el flujo de los electrones impulsados por el generador. Es fundamental que el material conductor presente buena conductividad eléctrica facilitando el paso de corriente. (Endesa , 2018)

Las resistencias eléctricas son elementos del circuito que se oponen al flujo de corriente eléctrica. Estas resistencias pueden estar presentes de manera intencionada, como en el caso de los componentes electrónicos diseñados para limitar la corriente, o pueden ser inherentes al propio material del conductor.

Por último, el interruptor es un elemento clave que controla la apertura y cierre del paso de la corriente eléctrica en el circuito. Cuando el interruptor está abierto, los electrones no pueden circular, mientras que al cerrarlo se permite su flujo.

La resistencia que presenta un conductor al paso de la corriente depende de tres factores principales: el tipo de material utilizado, la longitud del conductor y su sección transversal.

Cada material tiene una resistividad específica, que determina su capacidad para conducir la electricidad. Algunos materiales son más conductores que otros, lo que implica una menor resistencia al paso de la corriente.

La longitud del conductor también influye en la resistencia. A mayor longitud, mayor será la resistencia ofrecida al flujo de corriente eléctrica.

Por otro lado, la sección transversal del conductor juega un papel importante. Cuanto mayor sea la sección, menor será la resistencia que presenta el conductor al paso de la corriente.

En resumen, los circuitos eléctricos son sistemas complejos que permiten generar, transportar y utilizar energía eléctrica. Los elementos clave del circuito, como el generador, el conductor, la resistencia eléctrica y el interruptor, trabajan en conjunto para lograr dicha transformación de energía. La resistencia de los conductores eléctricos depende del tipo de material utilizado, así como de su longitud y sección transversal. Estos factores influyen en la capacidad del circuito para conducir la electricidad de manera eficiente. (Endesa , 2018)

En un circuito eléctrico, las resistencias y otros elementos pueden conectarse de dos formas diferentes: en serie o en paralelo. La asociación en serie implica colocar los elementos uno después del otro, creando un camino único para la corriente eléctrica. En este caso, la intensidad de corriente es constante y la resistencia equivalente se calcula sumando las resistencias individuales. Por otro lado, la asociación en paralelo implica crear derivaciones en el circuito, lo que permite que la corriente eléctrica fluya por diferentes caminos. En este caso, la intensidad de corriente se divide entre los diferentes caminos y la resistencia equivalente se calcula sumando los inversos de las resistencias individuales y luego tomando el inverso del resultado.

Figura 20:

Resistencias en serie y Paralelo

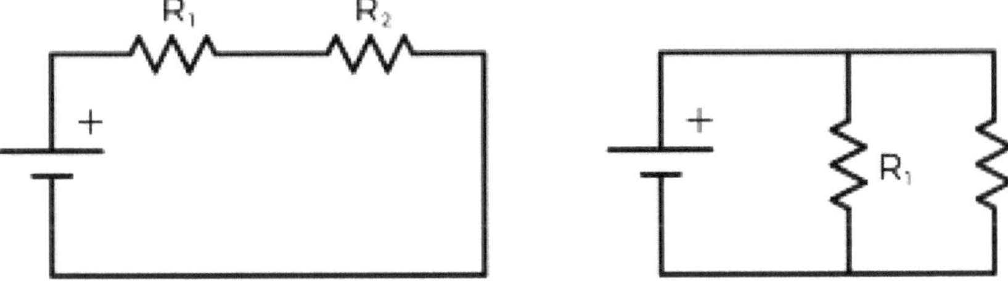

Nota. Adaptado de Resistencias en serie y Paralelo (Academia404, 2023), Academia404.com (https://n9.cl/ct4hh)

Es importante tener en cuenta que todas las partes de un circuito eléctrico se representan gráficamente a través de símbolos elementales aceptados por normas internacionales. Los esquemas de circuitos eléctricos son dibujos simplificados que nos permiten visualizar rápidamente cómo están conectados los componentes del circuito. Además, estos esquemas pueden incluir información adicional sobre el voltaje, la intensidad de corriente y la potencia eléctrica del circuito. El comprender cómo se conectan las resistencias y otros elementos en un circuito eléctrico es fundamental para diseñar y solucionar problemas en estos sistemas complejos. (Endesa , 2018)

Figura 21

Simbología de circuitos eléctricos

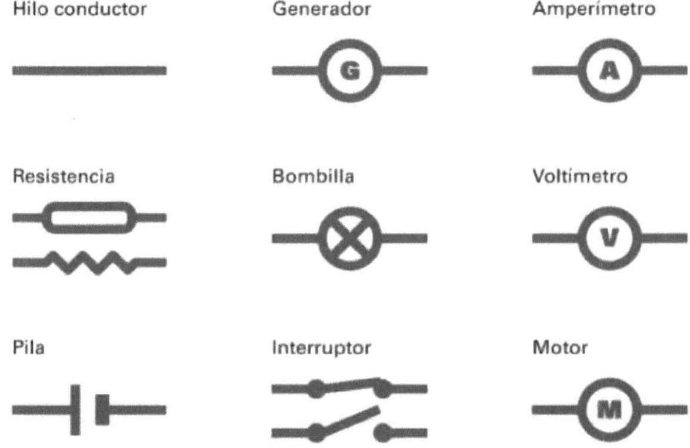

Nota. Adaptado de Resistencias en serie y Paralelo (Academia404, 2023), Academia404.com (https://n9.cl/uxogk)

Campos Magnéticos

Un campo magnético es un espacio donde se manifiesta una fuerza magnética generada por un objeto o elemento. Las fuerzas magnéticas existentes en este campo pueden interactuar con otras fuerzas si dos campos magnéticos entran en contacto. Los campos magnéticos nos permiten entender las fuerzas que actúan en una determinada área. Por lo tanto, son fundamentales para comprender el comportamiento de ciertos materiales y objetos en nuestro mundo.

Figura 22

Campos magnéticos en motores eléctricos

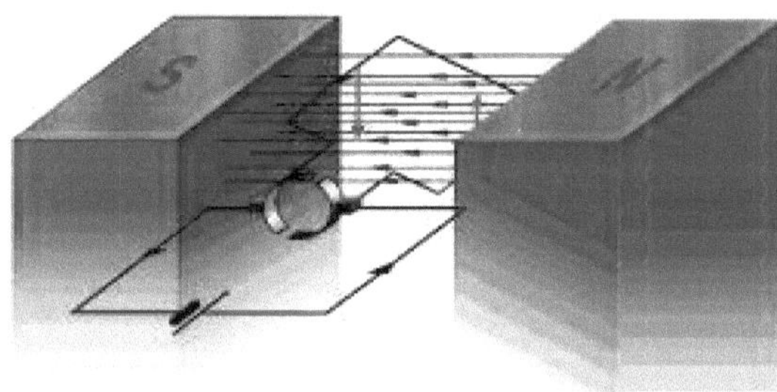

Nota. Adaptado de Campos magnéticos en motores eléctricos (Lorentz, 2023), Rsefalicante.com (https://n9.cl/8d0ik)

Existen dos maneras principales de producir un campo magnético. En primer lugar, cuando una carga eléctrica circula por un material, se genera un campo magnético a su alrededor. Este fenómeno se conoce como electromagnetismo y es la base para la creación de los electroimanes que utilizamos en la vida cotidiana, como los que se encuentran en los motores eléctricos o las puertas automáticas.

En segundo lugar, hay materiales que tienen propiedades magnéticas por cómo se comportan los electrones (que tienen carga eléctrica) de su composición atómica. Estos materiales no tienen que electrificarse para tener magnetismo y se conocen como imanes permanentes. Los imanes permanentes pueden ser naturales, como los que se encuentran en ciertos tipos de rocas, o artificiales, como los que se utilizan en altavoces o discos duros. (Jimenez, 2014)

Los campos magnéticos en los motores eléctricos

Su función principal es convertir la energía eléctrica almacenada en las baterías en energía cinética para propulsar un vehículo. La conversión de energía eléctrica en energía cinética está directamente relacionada con los campos magnéticos. Un motor eléctrico se basa en la presencia de dos campos magnéticos: uno producido por el estátor, que es una parte externa y estática del motor, y otro producido por el rotor, que se encuentra dentro del estátor y tiene la capacidad de rotar. El funcionamiento del motor se basa en alimentar las bobinas alrededor del estátor con energía eléctrica controlada, lo que genera un campo magnético giratorio y cambia la dirección del norte magnético. A simple vista, desde el exterior, no se percibe movimiento, pero el campo magnético está en constante cambio.

El rotor, que está magnetizado, posee su propio campo magnético que interactúa con el campo magnético del estátor siguiendo su orientación. El rotor no está fijo, puede rotar y se deja guiar por las fuerzas magnéticas. Al estar conectado al sistema de transmisión del vehículo y a las ruedas, se logra transformar la energía eléctrica almacenada en la batería en energía cinética, permitiendo así el desplazamiento del vehículo. (Jimenez, 2014)

Figura 23

Motor eléctrico dentro de un vehículo

Nota. Adaptado de Motor eléctrico dentro de un vehículo (Juan Lopez, 2024), Diarioauto.com (https://n9.cl/57zxip)

Electromagnetismo

En 1820, Hans Christian Oersted descubrió que la electricidad y el magnetismo estaban relacionados. Observó que la aguja de una brújula se movía al pasar corriente por un conductor cercano. Esto reveló que las fuerzas magnéticas se originan a partir de cargas eléctricas en movimiento. Este descubrimiento sentó las bases del electromagnetismo, utilizado en motores y generadores eléctricos.

El magnetismo es un fascinante fenómeno físico que involucra fuerzas de atracción o repulsión entre objetos. En la antigüedad, los antiguos griegos fueron los primeros en descubrir y estudiar los fenómenos magnéticos. Sin embargo, durante muchos siglos, se creía que las magnetitas, un tipo de mineral magnético, poseían propiedades curativas.

Hoy en día, sabemos que el magnetismo va más allá de las creencias antiguas. Los imanes, tanto naturales como artificiales, son utilizados en diversas aplicaciones científicas y tecnológicas. Los imanes permanentes, como la magnetita, conservan su magnetismo sin necesidad de una fuente externa, mientras que los imanes temporales pueden ser magnetizados o desmagnetizados según las circunstancias.

Los imanes tienen dos zonas donde las acciones magnéticas son más intensas: los polos magnéticos. Estos polos se denominan norte y sur, y exhiben fuerzas opuestas que se atraen entre sí y fuerzas iguales que se repelen. (Benavidez, 2018)

La importancia del magnetismo en la sociedad actual no puede subestimarse. En medicina, los imanes se utilizan en técnicas como la magneto encefalografía (MEG) para medir la actividad cerebral. Además, se emplean en terapias de choque para reiniciar corazones. En la tecnología moderna, el magnetismo es esencial para el funcionamiento de motores eléctricos y generadores. También se utiliza en la industria del almacenamiento de datos en discos duros y tarjetas de crédito con bandas magnéticas.

Figura 24

Detalle sobre las zonas de acción de mayor fuerza magnética.

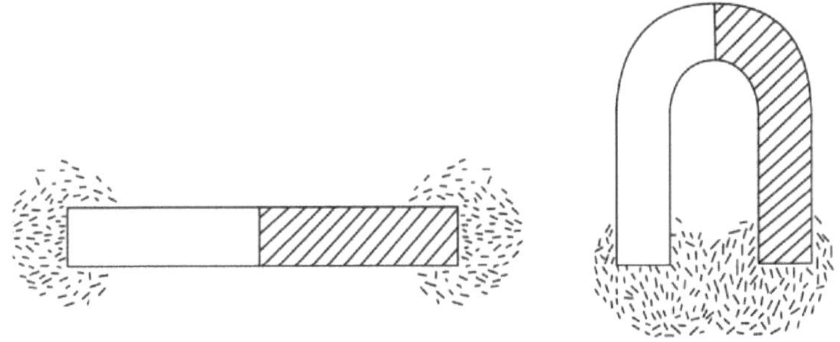

Nota. Adaptado de Detalle sobre las zonas de acción de mayor fuerza magnética.

(Edesa, 2020), fundacionedesa.com (https://n9.cl/xc1nb)

La interacción entre imanes se rige por dos principios fundamentales: los polos iguales se repelen y los polos opuestos se atraen. Esto se debe a las líneas de campo magnético, que fluyen del polo norte al polo sur. Cuando dos polos opuestos se acercan, estas líneas saltan de un polo a otro, generando una atracción que varía según la distancia entre los imanes. Por otro lado, cuando dos polos iguales se aproximan, las líneas de campo se comprimen hacia su propio polo y luego se expanden, resultando en una repulsión. Esta dinámica es la base de la interacción magnética entre imanes.

Figura 25

Efecto repulsión y atracción en un imán

Nota. Adaptado de Efecto repulsión y atracción en un imán (Edesa, 2020), fundacionedesa.com (https://n9.cl/xc1nb)

Los polos de un imán no pueden separarse. Si se rompe, se obtienen dos imanes independientes con polos norte y sur. Al suspender un imán por un hilo, siempre se orienta en una dirección, ya que sus polos se alinean con los polos magnéticos de la Tierra, que actúa como un imán natural. (Benavidez, 2018)

Figura 26

Sentido de los polos magnéticos de la tierra

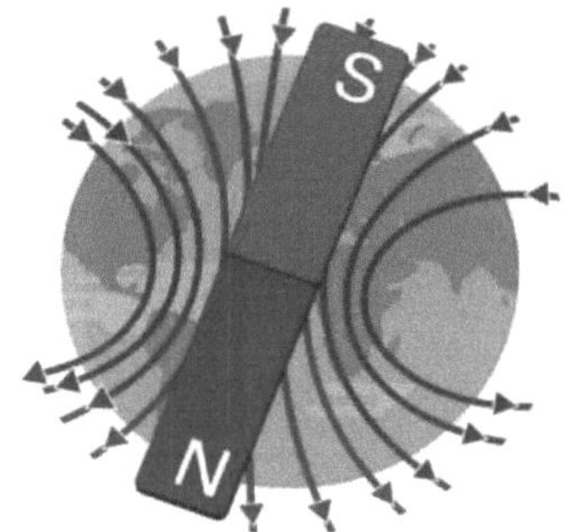

Nota. Adaptado de Sentido de los polos magnéticos de la tierra (Edesa, 2020), fundacionedesa.com (https://n9.cl/xc1nb)

El campo magnético es la perturbación que genera un imán en la región que lo rodea. Se representa mediante líneas de campo que se extienden desde el polo norte al polo sur en el exterior del imán, y en sentido contrario en su interior. Estas líneas son tangenciales a la dirección del campo en cada punto, no se cruzan entre sí ni con el imán. El recorrido de estas líneas conforma el circuito magnético, y la cantidad de líneas que lo componen se conoce como flujo magnético. La intensidad del flujo magnético es inversamente proporcional al espacio entre las líneas, siendo mayor cuando están más cercanas entre sí.

En un campo magnético uniforme, la densidad de flujo de campo magnético que atraviesa una superficie plana y perpendicular a las líneas de fuerza valdrá:

B = Φ / S	Donde la letra griega phi (Φ) es el flujo magnético y su unidad es el Weber (Wb).

En el caso de que la superficie atravesada por el flujo magnético no sea perpendicular a la dirección de éste tendremos que:

Φ = B · 5 · cos fo α	Donde alfa (α) es el ángulo que forma B con el vector perpendicular a la superficie.

Figura 27:

Detalle de un imán con la dirección de las líneas de campo.

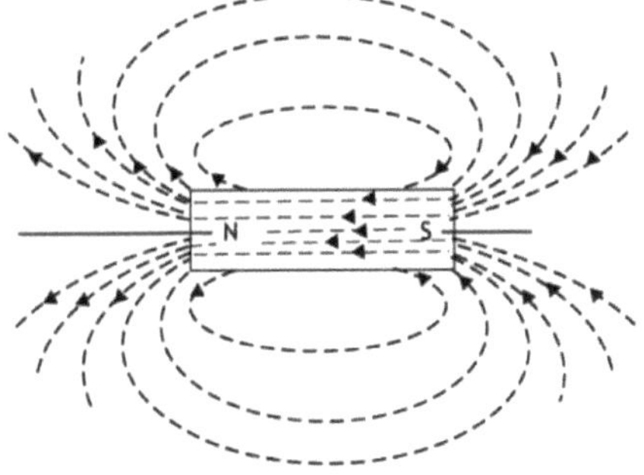

Nota. Adaptado de Detalle de un imán con la dirección de las líneas de campo. (Edesa, 2020), fundacionedesa.com (https://n9.cl/xc1nb)

Las propiedades magnéticas de la materia

Los materiales ferromagnéticos, paramagnéticos y diamagnéticos responden de manera diferente a las líneas de campo magnético. Los ferromagnéticos se magnetizan permanentemente y son más atraídos que los otros dos debido a su alta permeabilidad relativa, que es el resultado de la permeabilidad magnética y la permeabilidad del vacío. Los paramagnéticos son ligeramente atraídos, pero no se magnetizan permanentemente, mientras que los diamagnéticos son ligeramente repelidos. Estas propiedades magnéticas distintas se deben a las diferencias en la estructura y comportamiento de los electrones en los materiales. (Benavidez, 2018)

$$\mu r = \mu / \mu 0$$

La curva de histéresis es una representación de la magnetización de un material. Independientemente del material, la curva presenta características similares. Al principio, se requiere un esfuerzo eléctrico mayor para magnetizar el material, lo que se conoce como zona reversible. Luego, en la zona lineal, la magnetización ocurre de manera proporcional. Finalmente, se alcanza un punto de saturación donde, sin importar la fuerza magnética aplicada, el material ya no se magnetiza más. Esta zona de saturación marca el límite de magnetización del material.

La curva de histéresis magnética se representa:

- En horizontal la intensidad de campo magnético H.
- En vertical representamos la inducción magnética B, que aparece en el material que estamos estudiando como consecuencia del campo magnético creado.

Figura 28

Curva de histéresis magnética

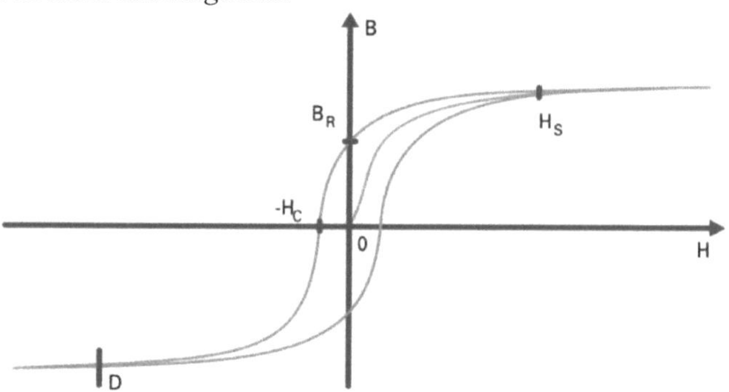

Nota. Adaptado de Curva de histéresis magnética (Edesa, 2020), fundacionedesa.com (https://n9.cl/xc1nb)

El campo magnético creado por una corriente eléctrica

El campo magnético creado en un punto depende de la intensidad de la corriente eléctrica, la distancia al hilo conductor y la forma del conductor. La regla de la mano derecha es una herramienta utilizada para determinar la dirección y sentido del campo magnético. Al apuntar con el dedo pulgar en el sentido de la corriente, la curvatura de los otros dedos indica el sentido del campo magnético. Esta regla es útil para visualizar y comprender cómo se comporta el campo magnético alrededor de un conductor. Es importante tener en cuenta estos factores al estudiar los fenómenos magnéticos generados por corrientes eléctricas.

Figura 29

La regla de la mano derecha

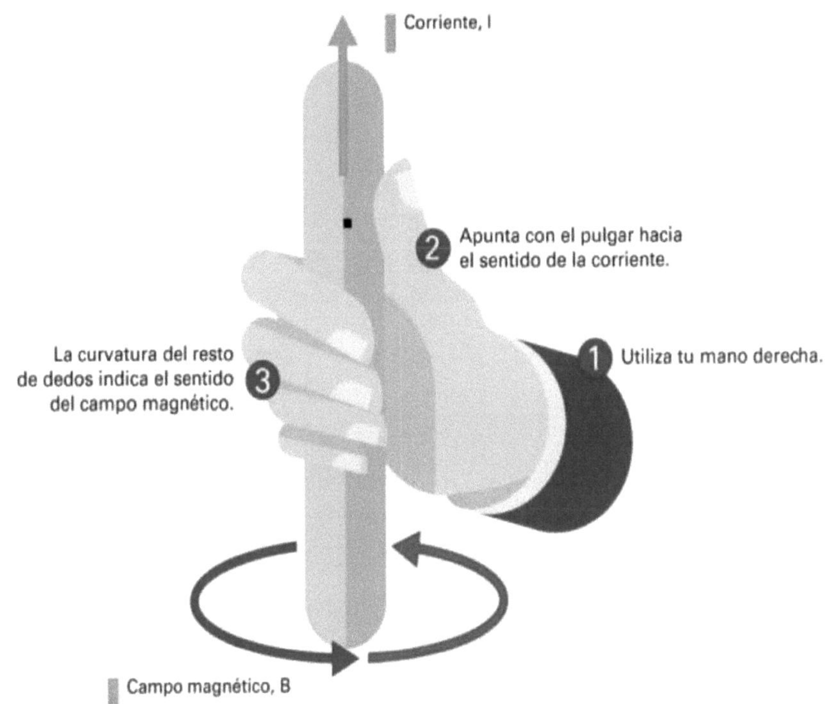

Nota. Adaptado de La regla de la mano derecha (Edesa, 2020), fundacionedesa.com (https://n9.cl/xc1nb)

En el caso de un hilo conductor rectilíneo se crea un campo magnético circular alrededor del hilo y perpendicular a él.

Cuando tenemos un hilo conductor en forma de espira, el campo magnético será circular. La dirección y el sentido del campo magnético depende del sentido de la corriente eléctrica. (Benavidez, 2018)

Cuando tenemos un hilo conductor enrollado en forma de hélice tenemos una bobina o solenoide. El campo magnético en su interior se refuerza todavía más al existir más espiras: el campo magnético de cada espira se suma a la siguiente y se concentra en la región central.

Figura 30

Espiral por la cual circula una corriente que genera un campo electro magnético a su alrededor.

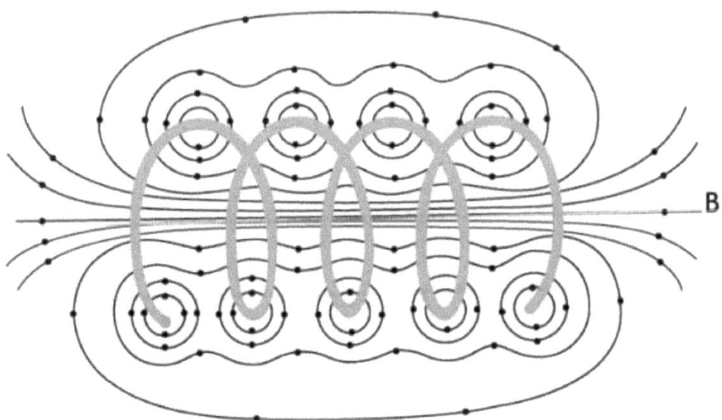

Nota. Adaptado de Espira por la cual circula una corriente que genera un campo magnético a su alrededor. (Edesa, 2020), fundacionedesa.com (https://n9.cl/xc1nb)

Las bobinas tienen una aplicación ampliamente utilizada como electroimanes. Su funcionamiento se basa en la corriente eléctrica que fluye a través de ellas y la presencia de un núcleo ferromagnético en su interior. Este núcleo se magnetiza temporalmente, convirtiéndose en un imán. La intensidad del campo magnético generado depende del número de espiras en la bobina, siendo mayor cuanto más espiras tenga. Esta propiedad permite controlar y manipular objetos magnéticos, siendo utilizada en diversas aplicaciones como motores eléctricos, relés electromagnéticos y dispositivos de almacenamiento de datos magnéticos, entre otros.

Cuando una carga eléctrica se encuentra en movimiento, genera un campo eléctrico y un campo magnético a su alrededor. Estos campos interactúan y ejercen fuerzas sobre otras cargas eléctricas que se encuentren dentro de su radio de acción. Esta fuerza resultante se conoce como fuerza electromagnética.

Fuerza electromagnética

Si se considera un hilo conductor rectilíneo por el cual circula una corriente eléctrica y atraviesa un campo magnético, se origina una fuerza electromagnética sobre el hilo. Esto ocurre debido a que el campo magnético ejerce fuerzas sobre las cargas eléctricas en movimiento presentes en el hilo conductor.

Ahora bien, si en lugar de tener un hilo conductor rectilíneo, se tiene una espira rectangular, algo interesante sucede. En cada uno de los lados perpendiculares al campo magnético, aparecerán pares de fuerzas de igual magnitud, pero de sentido opuesto. Estas fuerzas generan un efecto de torsión en la espira, lo que provoca su giro sobre sí misma en lugar de producir un desplazamiento lineal. (Endesa , 2018)

Este fenómeno es conocido como par motor o torque electromagnético. La existencia del par motor es fundamental para el funcionamiento de dispositivos como motores eléctricos y generadores. Al aprovechar las interacciones entre corrientes eléctricas y campos magnéticos, estos dispositivos pueden transformar energía eléctrica en energía mecánica o viceversa.

Figura 31

Espira rectangular girando de un campo magnético

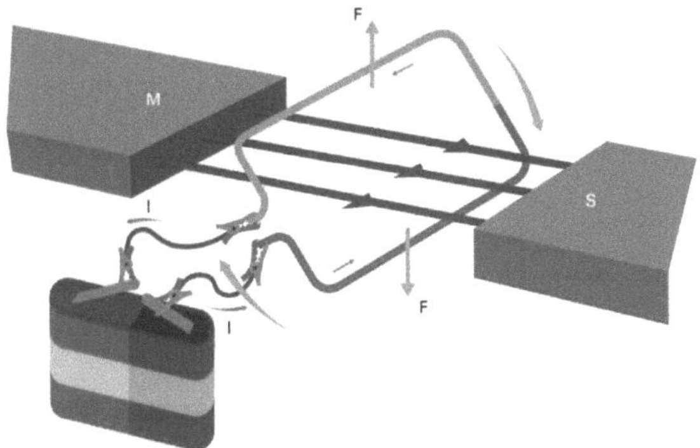

Nota. Adaptado de Espira rectangular girando de un campo magnético (Edesa, 2020), fundacionedesa.com (https://n9.cl/xc1nb)

La dirección de esta fuerza creada se puede determinar por la **regla de la mano izquierda**.

Si la dirección de la velocidad es paralela a la dirección del campo magnético, la fuerza se anula y la trayectoria de la partícula será rectilínea.

Si la dirección de la velocidad es perpendicular al campo magnético la fuerza vendrá dada por la expresión:

$$\mathbf{F = Q \cdot v \cdot B}$$

En caso de que esta fuerza sea perpendicular al plano formado por la velocidad y el campo magnético, la partícula describirá una trayectoria circular. Si la dirección de la velocidad es oblicua a la del campo magnético, la partícula describirá una trayectoria en espiral.

Figura 32

La regla de la mano izquierda

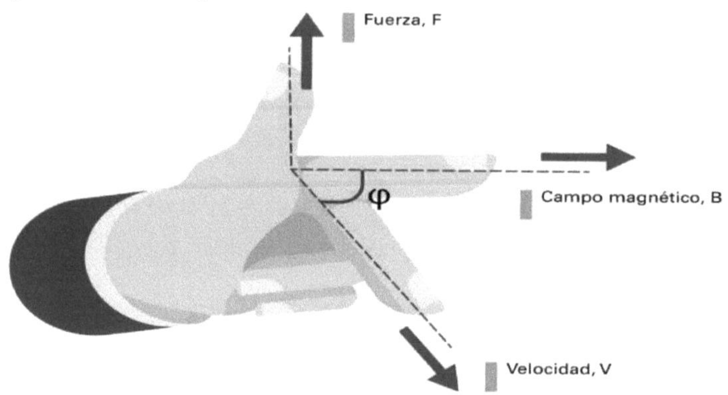

Nota. Adaptado de *La regla de la mano izquierda* (Edesa, 2020), fundacionedesa.com (https://n9.cl/xc1nb)

Faraday-Lenz, la inducción electromagnética y la fuerza electromotriz inducida La inducción electromagnética es un fenómeno en el cual se produce la generación de corrientes eléctricas debido a la presencia de campos magnéticos variables en el tiempo. Este descubrimiento, contrario al efecto descubierto por Oersted, establece que es la existencia de un campo magnético lo que genera corrientes eléctricas. La Ley de Faraday-Lenz es una ley fundamental que describe este fenómeno. Basada en el principio de conservación de la energía, Michael Faraday postuló que, si una corriente eléctrica puede generar un campo magnético, entonces un campo magnético también puede generar una corriente eléctrica. (Benavidez, 2018) En 1831, Faraday realizó una serie de experimentos que le permitieron descubrir la inducción electromagnética. Observó que, al mover un imán a través de un circuito cerrado de alambre conductor, se generaba una corriente eléctrica, conocida como corriente inducida. Además, también se observaba la generación de corriente al mover el alambre sobre un imán estático. Faraday explicó este fenómeno en términos del número de líneas de campo magnético que atraviesan el circuito conductor. Este concepto fue posteriormente formulado matemáticamente en la Ley de Faraday, una de las cuatro ecuaciones fundamentales del electromagnetismo.

Ley de Faraday	**"La fuerza electromotriz inducida en un circuito es igual y de signo opuesto a la rapidez con que varía el flujo magnético que atraviesa un circuito, por unidad de tiempo".**
Ley de Lenz	**"La corriente inducida crea un campo magnético que se opone siempre a la variación de flujo magnético que la ha producido".**

En la ecuación se establece que el cociente entre la variación de flujo ($\Delta\phi$) respecto a la variación del tiempo(Δt) es igual a la fuerza electromotriz inducida (ξ). El signo negativo viene dado por la ley de Lenz e indica el sentido de la fuerza electromotriz inducida, causa de la corriente inducida, que se debe al movimiento relativo que hay entre la bobina y el imán. (Benavidez, 2018)

La inducción electromagnética constituye un fenómeno destacado en el electromagnetismo, del que se han desarrollado numerosas aplicaciones prácticas.

- El transformador que se emplea para conectar un teléfono móvil a la red.
- La dinamo de una bicicleta.
- El alternador de una gran central hidroeléctrica.

La inducción electromagnética en una bobina

La inducción electromagnética es un fenómeno que se puede observar en una bobina, un componente del circuito eléctrico en forma de espiral que tiene la capacidad de almacenar energía eléctrica. Al realizar un experimento con una bobina y un imán, podemos entender mejor este concepto.

Cuando el imán y la bobina están en reposo, no se detecta el paso de corriente eléctrica a través de la bobina, como indica la lectura del galvanómetro. Sin embargo, al acercar el imán a la bobina, se observa que el galvanómetro marca el paso de una corriente eléctrica en la bobina. Al alejar el imán, el galvanómetro indicará la presencia de una corriente eléctrica en la bobina, pero con un sentido contrario al acercamiento anterior.

Si en lugar de mover el imán, movemos la bobina, también podemos comprobar los mismos efectos a través del galvanómetro. En ambos casos, se genera una corriente eléctrica en la bobina mientras se realiza el movimiento del imán o la bobina. Además, esta corriente es más intensa cuanto más rápido sea el movimiento. (Benavidez, 2018)

Corrientes de Foucault

Las corrientes de Foucault, también conocidas como corrientes parásitas, fueron descubiertas por el físico francés Léon Foucault en 1851. Durante sus experimentos, construyó un dispositivo que consistía en un disco de cobre que se movía en un campo magnético intenso. Fue así como observó un fenómeno interesante: al mover el disco de cobre en presencia de un campo magnético variable, se generaba una corriente eléctrica en el material conductor. (Benavidez, 2018)

Estas corrientes de Foucault se producen cuando un material conductor atraviesa un campo magnético variable, o viceversa. El movimiento relativo entre el material conductor y el campo magnético variable causa una circulación de electrones, es decir, una corriente inducida a través del material conductor. Estas corrientes circulares generan campos magnéticos variables en el tiempo que se oponen al sentido del flujo del campo magnético aplicado. La magnitud de las corrientes de Foucault y los campos magnéticos opositores generados dependen de varios factores. En primer lugar, cuanto más fuerte sea el campo magnético aplicado, mayores serán las corrientes inducidas. Además, la conductividad del conductor también influye en la generación de estas corrientes: a mayor conductividad, mayores serán las corrientes de Foucault. Por último, la velocidad relativa de movimiento entre el conductor y el campo magnético variable también afectará la magnitud de las corrientes inducidas.

Si bien las corrientes de Foucault pueden ser interesantes desde un punto de vista científico y tienen diversas aplicaciones, también presentan algunas desventajas. Estas corrientes generan pérdidas de energía en forma de calor debido al efecto Joule. El efecto Joule es un fenómeno irreversible en el que parte de la energía cinética de los electrones se transforma en calor debido a los choques que sufren con los átomos del material conductor por el que circulan, lo que a su vez eleva la temperatura del conductor. A pesar de las pérdidas de energía asociadas con las corrientes de Foucault, existen numerosas aplicaciones que se basan en este fenómeno. Por ejemplo, los hornos de inducción utilizan corrientes de Foucault a altas frecuencias y con grandes corrientes para calentar materiales conductores. Los detectores de metales también se basan en la detección de cambios en las corrientes inducidas por objetos metálicos. Además, las corrientes de Foucault son esenciales en los sistemas de levitación magnética utilizados en trenes de alta velocidad. Sin embargo, también es importante tener en cuenta que las corrientes parásitas pueden disminuir la eficiencia de muchos dispositivos que utilizan campos magnéticos variables, como transformadores y motores eléctricos. Estas pérdidas pueden minimizarse utilizando núcleos con materiales magnéticos de baja conductividad eléctrica, como ferrita, o utilizando láminas delgadas de acero eléctrico apiladas pero separadas entre sí mediante un barniz aislante o mediante oxidación para asegurar el aislamiento eléctrico. (Benavidez, 2018)

Torque y potencia
¿Qué es el torque?

El torque es una fuerza fundamental en el movimiento de objetos que requieren rotación. Se define como la cantidad de fuerza aplicada en un punto para generar un giro. Un ejemplo claro de esto se encuentra en una bicicleta, donde el torque se genera al ejercer fuerza con las piernas sobre los pedales, lo cual permite que el rotor y, por ende, la rueda gire. (Dodge, 2020)

En el caso de los automóviles, el torque se genera en el cigüeñal del motor. Es una medida de la capacidad del motor para mover algo pesado. Es importante destacar que el torque no está directamente relacionado con la velocidad, sino más bien con la capacidad de mover objetos pesados o resistir fuerzas opuestas.

Un ejemplo ilustrativo es el de un tractor. Aunque puede tener menos caballos de fuerza y moverse a velocidades más bajas que un automóvil deportivo, tiene un alto nivel de torque. Esto le permite arrastrar cargas pesadas, como maquinaria agrícola o remolques con toneladas de peso. (Dodge, 2020)

La potencia se define como la capacidad de realizar un trabajo en un determinado período de tiempo. En el contexto de los vehículos, especialmente los motores, la potencia se mide comúnmente en Caballos de Fuerza (HP) o kilovatios (kW). Representa qué tan rápido el motor puede hacer un trabajo, es decir, qué tan rápido puede aplicar el torque.

¿Qué es potencia?

Si pensamos nuevamente en el ejemplo de una bicicleta, la potencia estaría definida por la cantidad de veces que podemos hacer girar el rotor en un minuto. Cuantas más revoluciones por minuto (RPM) se realicen, mayor será la potencia generada. En otras palabras, a mayor cantidad de giros por minuto, mayor será la potencia.

En el caso de los automóviles, la potencia máxima se alcanza a cierto número de RPM, que puede variar según el diseño y las características del motor. Es importante mencionar que la potencia máxima indicada en el manual del automóvil es un valor específico que representa la máxima capacidad del motor para generar trabajo en un período determinado. (Dodge, 2020)

La potencia y el torque están relacionados de manera inversa. A medida que la potencia aumenta, se requiere menos torque para alcanzar una determinada velocidad. Esto se debe a que, a mayores revoluciones por minuto, se necesita menos torque para mantener o incrementar la velocidad. Por otro lado, a bajas revoluciones por minuto, se necesita un mayor torque para superar la resistencia y lograr un movimiento eficiente.

Es importante comprender que tanto la potencia como el torque son relevantes en diferentes situaciones y aplicaciones. El torque es especialmente importante al arrancar un vehículo desde cero, al subir pendientes pronunciadas o al arrastrar cargas pesadas. En estos casos, es el torque el que proporciona la fuerza necesaria para superar las resistencias y mantener el movimiento.

Por otro lado, la potencia juega un papel fundamental en la velocidad. Los vehículos diseñados para altas velocidades, como los automóviles deportivos o los de carreras como los de Fórmula 1, suelen tener mayor potencia que torque. Esto se debe a que son vehículos ligeros y aerodinámicos, donde la resistencia al movimiento es menor y no se requiere tanta fuerza para moverlos. En estas situaciones, la potencia se utiliza para alcanzar altas velocidades de manera más rápida y eficiente. (Dodge, 2020)

Batería de litio 48 voltios

Las baterías de litio de 48V son una tecnología ampliamente utilizada en diversas aplicaciones en la vida real, como sistemas de almacenamiento de energía doméstica, baterías de telecomunicaciones y fuentes de alimentación de respaldo para centros de datos. Estas baterías ofrecen una solución eficiente y confiable para el almacenamiento y suministro de energía en diferentes contextos. (powerwall, 2021)

Una batería de litio de 48V se compone principalmente de diferentes tipos de materiales de electrodo positivo, como la batería de litio ternaria, la batería de fosfato de hierro litio y la batería de titanato de litio. Por ejemplo, una sola batería de fosfato de hierro litio tiene un voltaje nominal de 3.2V, lo que significa que se pueden conectar en serie 16 módulos idénticos para obtener una batería completa de 48V. En el pasado, los sistemas solares fuera de la red solían utilizar principalmente baterías de 12V. Sin embargo, con el avance tecnológico y la necesidad creciente de sistemas más eficientes y económicos, los consumidores están optando cada vez más por baterías de mayor voltaje, como las de 24V o 48V. Estas configuraciones permiten aprovechar al máximo los paneles solares más grandes y ofrecen una carga más rápida debido a su capacidad para aceptar voltajes más altos. En el caso específico de los sistemas de almacenamiento de energía doméstica, las baterías de litio de 48V ofrecen numerosas ventajas. Además del tiempo reducido de carga gracias a la capacidad para aceptar voltajes más altos, estas baterías también brindan una mayor eficiencia en la descarga de energía, lo que se traduce en un mejor rendimiento general del sistema. Además, la capacidad de admitir matrices solares más grandes permite una mayor generación y almacenamiento de energía renovable.

Figura 33

Conexión para generar los 48 voltios

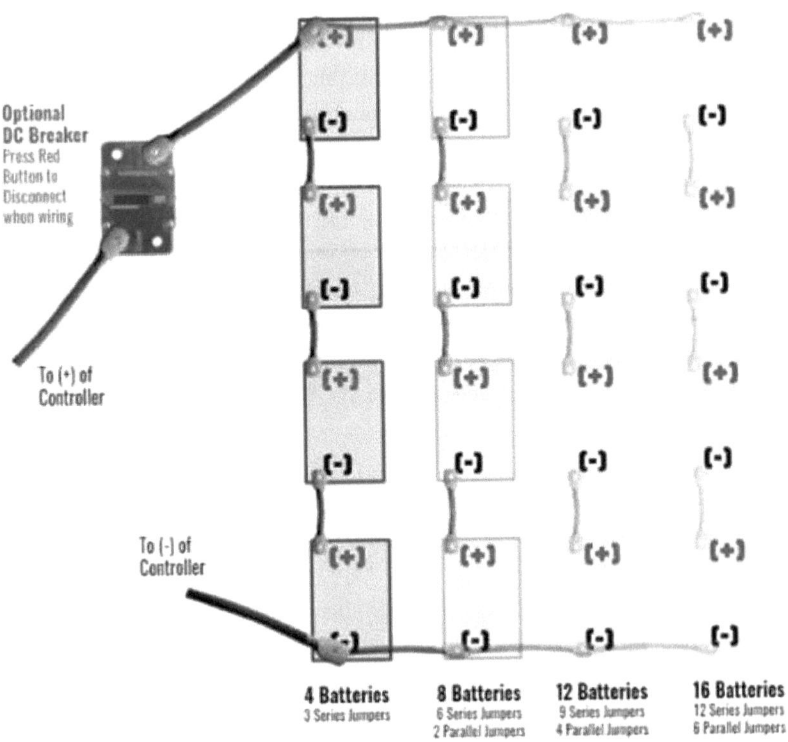

Nota. Adaptado de conexión para generar los 48 voltios (Powerwall, 2021), powerwall.com (https://n9.cl/rbxrgt)

¿Qué son las baterías de litio de 48V?

Las baterías de iones de litio de 48V han ganado popularidad en el mercado debido a sus múltiples ventajas en comparación con las baterías de plomo-ácido. Estas baterías se utilizan comúnmente debido a su tamaño compacto, adaptabilidad liviana y resistencia a temperaturas extremas. Además, ofrecen una alta eficiencia de carga y descarga, así como una mayor seguridad y estabilidad en su operación.

Una batería de iones de litio de 48V se compone de múltiples células de litio conectadas en serie y en paralelo. Esto se hace para mejorar la eficiencia y la vida útil de la batería, ya que una sola celda no sería suficiente para alcanzar el voltaje deseado. El precio de una batería de 48V varía según el número de celdas en paralelo, el costo del tablero de protección, la carcasa y otros materiales auxiliares.

El tablero de protección es un componente esencial en las baterías de iones de litio. Consiste en un circuito electrónico que monitorea el voltaje y la corriente de cada celda individualmente, asegurando un funcionamiento seguro en diferentes condiciones climáticas. También protege las células contra situaciones como exceso de voltaje, sobre corriente, sobre temperatura, bajo voltaje y cortocircuito.

El sistema de administración de baterías (BMS) es otra parte crucial en las baterías de iones de litio. Este sistema determina el estado general del paquete de baterías al monitorear individualmente cada celda. Con esta información, implementa ajustes y estrategias de control para garantizar una gestión óptima de carga y descarga, maximizando la vida útil de la batería y asegurando un funcionamiento seguro y estable.

El sistema de administración de baterías (BMS) de una batería de litio de 48V desempeña un papel crucial en el monitoreo y control del rendimiento de la batería. Este sistema consta de varios componentes, como el módulo de recolección de host de gestión (CPU), el módulo de recolección de voltaje y temperatura, el módulo de recolección de corriente y el módulo de interfaz de comunicación. (powerwall, 2021)

El BMS puede detectar y mostrar información importante, como el voltaje total, la corriente total y la potencia de reserva de la batería. También puede proporcionar datos sobre el voltaje y la temperatura individual de cada célula, así como el voltaje más alto y más bajo, la temperatura más alta y más baja, y la cantidad de carga y descarga realizada por la batería.

Además, el BMS ofrece interfaces de alarma y control para condiciones límite, como sobrecarga, bajo voltaje, alta temperatura, baja temperatura, sobre corriente y cortocircuito. Estas interfaces permiten una respuesta rápida ante situaciones potencialmente peligrosas.

Para facilitar el acceso a los datos del BMS, se proporcionan interfaces RS232 y CAN que permiten la lectura directa de información en una computadora. Esto brinda a los usuarios una visión detallada del estado general de la batería y facilita su monitoreo continuo. (powerwall, 2021)

Figura 34

Interfaz de batería BMS

Nota. Adaptado de Interfaz de batería BMS (Powerwall, 2021), powerwall.com (https://n9.cl/rbxrgt)

Precauciones de uso de la batería de ion de litio 48v

Es crucial seguir ciertas precauciones al utilizar una batería de ion de litio de 48V para garantizar un uso seguro y prolongar su vida útil.

Almacenamiento: Si la batería no se utiliza durante mucho tiempo, se recomienda mantenerla cargada al 50% -60% de su capacidad y recargarla cada 3 meses. Además, es importante cargar y descargar la batería al menos una vez cada seis meses para mantener su funcionamiento óptimo

Transporte: Durante el transporte, es fundamental proteger la batería de la humedad, la humedad y los impactos físicos. Evitar la extrusión y la colisión puede prevenir daños potenciales en la batería de ion de litio.

Temperatura: La batería no debe almacenarse a temperaturas inferiores a 0 °C. La temperatura óptima para el almacenamiento oscila entre 5 °C y 10 °C. Evitar altas temperaturas, como la exposición directa a la luz solar o ambientes muy calurosos, ya que esto puede provocar sobrecalentamiento, incendios o fallas en la batería.

Ambientes peligrosos: No usar ni almacenar las baterías en lugares con fuertes campos magnéticos o electricidad estática, ya que esto puede dañar los dispositivos de protección de seguridad de la batería y representar un riesgo para la seguridad.

Observación de anomalías: Si durante el uso, almacenamiento o carga de la batería se presentan olores, calor excesivo, decoloración o deformación inusual, es importante desconectar inmediatamente la batería del dispositivo o cargador y dejar de utilizarla.

Autodescarga: Las baterías de ion de litio pueden experimentar una pérdida de potencia mensual del 3% al 5%. Esta autodescarga aumenta con la temperatura, por lo que es importante tenerlo en cuenta al planificar su uso.

Descarga completa: Evitar la descarga completa de la batería, ya que esto puede provocar una reacción química en los electrodos y dañar la batería, haciéndola parcial o completamente inutilizable.

Rangos de temperatura: La batería se puede utilizar en un rango de temperatura de 10 °C a +55 °C, pero la carga solo se debe realizar cuando la temperatura de la batería esté entre +5 °C y +45 °C. (powerwall, 2021)

Batería de iones de litio 48V vs. batería de plomo-ácido

Las baterías de iones de litio y las baterías de plomo-ácido son dos tecnologías diferentes que se utilizan en los sistemas modernos de almacenamiento de energía doméstica. Cada una tiene sus propias ventajas y desventajas, y la elección depende de las preferencias personales del usuario.

Una de las principales diferencias entre estas dos tecnologías es la densidad de energía en peso. Las baterías de litio tienen una densidad de energía mucho mayor en comparación con las baterías de plomo-ácido. La capacidad de una batería de litio puede ser hasta tres a cinco veces más fuerte que la capacidad de una batería de plomo-ácido del mismo peso. Esto significa que las baterías de litio tienen una ventaja absoluta en términos de almacenamiento de energía.

Otra diferencia importante es la densidad de energía en volumen. Las baterías de litio también superan a las baterías de plomo-ácido en este aspecto, siendo aproximadamente un 30% más pequeñas en la misma capacidad. Esto las hace más compactas y adecuadas para espacios limitados.

En cuanto a la vida útil, las baterías de litio tienen una duración significativamente más larga que las baterías de plomo-ácido. Las baterías de litio pueden tener alrededor de 1000 a 2000 ciclos, mientras que las baterías de plomo-ácido generalmente tienen alrededor de 300 a 350 ciclos. Esto significa que las baterías de litio pueden durar hasta tres a seis veces más que las baterías de plomo-ácido.

En términos de costos, las baterías de plomo-ácido son más económicas en comparación con las baterías de litio. Las baterías de litio suelen ser aproximadamente tres veces más caras que las baterías de plomo-ácido. Sin embargo, si se considera el análisis de por vida, las baterías de litio pueden resultar más rentables debido a su mayor duración.

Además, desde una perspectiva medioambiental, las baterías de litio son más amigables con el medio ambiente en términos de producción y reciclaje en comparación con las baterías de plomo-ácido, que pueden ser altamente contaminantes. (powerwall, 2021)

Controlador de vehículo eléctrico

El controlador del vehículo eléctrico es un componente central y esencial que se encarga de controlar diversas funciones clave del vehículo. Actuando como el "cerebro" del vehículo eléctrico, el controlador desempeña un papel crucial en el arranque, funcionamiento, avance y retroceso, velocidad y parada del motor eléctrico, así como en el control de otros componentes electrónicos.

Una de las características destacadas del controlador es su tecnología de diseño ultra silencioso. Gracias a su algoritmo de control de corriente único, puede adaptarse a cualquier motor sin escobillas, mejorando la adaptabilidad universal de los controladores de vehículos eléctricos. Esto significa que los motores y controladores ya no necesitan ser coincidentes, lo que simplifica el proceso de instalación y reemplazo.

Otra función importante es la tecnología de control de corriente constante. Esto garantiza que la corriente de bloqueo y la corriente de funcionamiento dinámica del controlador sean consistentes, lo cual es crucial para prolongar la vida útil de la batería y mejorar el par de arranque del motor. (Becerra, 2020)

El controlador también cuenta con un sistema de modo de motor de reconocimiento automático. Este sistema es capaz de identificar automáticamente el ángulo de conmutación, la fase Hall y la fase de salida del motor. Si las conexiones entre el controlador y las líneas de alimentación, manija y freno están correctamente establecidas, el motor puede ser reconocido automáticamente en este modo.

Además, el controlador está equipado con un sistema servo ABS, que ofrece una función de frenado EABS anti-carga/automático. Esto se logra mediante la implementación de la tecnología antibloqueo EABS de grado automotriz, lo que garantiza frenadas suaves y silenciosas.

Otra característica importante es el sistema de bloqueo del motor. En caso de alarma, el controlador bloquea automáticamente el motor, lo que no solo consume una cantidad mínima de energía, sino que también no afecta el funcionamiento normal del vehículo eléctrico en condiciones anormales, como una batería con baja tensión.

El controlador también cuenta con una función de auto prueba. Esta función se divide en auto prueba dinámica y auto prueba estática. Cuando se enciende el controlador, realiza automáticamente una verificación del estado de las interfaces asociadas. Si se detecta alguna falla, el controlador implementa automáticamente las medidas de protección necesarias para garantizar la seguridad durante la conducción. Una vez que se resuelven los problemas, el estado de protección del controlador se restablece automáticamente.

Por último, el controlador del vehículo eléctrico ofrece una función anti-carga. Durante el frenado, desaceleración o deslizamiento cuesta abajo, la energía generada por el sistema EABS se retroalimenta a la batería. Esto tiene un efecto de anti-carga, preservando la energía y prolongando la vida útil de la batería, así como aumentando el kilometraje del vehículo. (Becerra, 2020)

El controlador del vehículo eléctrico cuenta con una función de alarma que se activa en caso de intento de robo o manipulación no autorizada. además, el controlador permite la inversión del motor eléctrico, lo que facilita las maniobras de estacionamiento y maniobrabilidad en espacios reducidos. También el controlador del vehículo eléctrico puede ser operado a distancia mediante un control remoto, lo que brinda comodidad y facilidad de uso al usuario. (Becerra, 2020)

Figura 35:
Controlador de vehículo eléctrico.

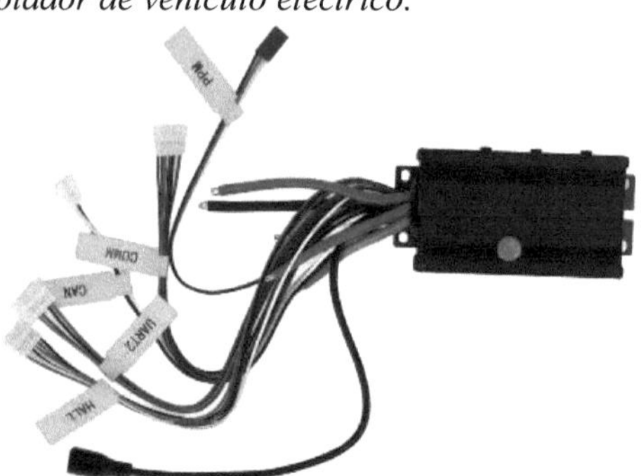

Nota. Adaptado de Controlador de vehículo eléctrico. (Amazon, 2021), Amazon.com (https://n9.cl/o2507) **Sensores de la bicicleta eléctrica**

Las bicicletas eléctricas han ganado popularidad en los últimos años debido a su capacidad para proporcionar asistencia al pedaleo y facilitar los desplazamientos. Una de las características clave de estas bicicletas es la presencia de sensores que detectan el movimiento y la fuerza aplicada en los pedales para regular la asistencia eléctrica del motor. (Vera, 2023)

Existen dos tipos principales de sensores utilizados en las bicicletas eléctricas: el sensor de velocidad o movimiento y el sensor de par motor o torsión. El sensor de velocidad es el más común y se encuentra en las bicicletas eléctricas más económicas. Consiste en un disco de imanes ubicado en el eje que detecta cuando se produce un movimiento de los pedales y luego activa la asistencia del motor. Sin embargo, este sistema tiene algunas limitaciones. La asistencia no es inmediata, ya que hay un ligero retraso entre el inicio del pedaleo y la activación del motor. Además, la asistencia no varía según el esfuerzo realizado por el ciclista, sino que se basa en el nivel predefinido por el usuario. (Vera, 2023)

Por otro lado, el sensor de par motor o torsión es más avanzado y preciso. Este sensor detecta la fuerza que el ciclista ejerce sobre los pedales y proporciona una asistencia eléctrica proporcional a esa fuerza. Esto significa que la ayuda es inmediata, lo que facilita arrancar incluso en subidas pronunciadas. Además, este sistema ofrece una mayor sensación de control y participación activa por parte del ciclista, ya que la asistencia se reduce o desactiva cuando se deja de pedalear o se aplica menos fuerza. Esto también resulta beneficioso para la salud, ya que el ciclista se siente más involucrado en el movimiento de la bicicleta y puede ajustar el esfuerzo según su condición física.

Además de estos sensores principales, también existen otros sensores complementarios en las bicicletas eléctricas. Por ejemplo, el sensor de cadencia mide el número de revoluciones realizadas con los pedales y ayuda a afinar la asistencia eléctrica. También hay sensores que cortan la ayuda del motor cuando se superan ciertas velocidades máximas, generalmente establecidas en 25 o 45 km/h. (Vera, 2023)

Fundamentación Legal
Constitución del Ecuador
Art. 16. paj,25

La creación de medios de comunicación social, y al acceso en igualdad de condiciones al uso de las frecuencias del espectro radioeléctrico para la gestión de estaciones de radio y televisión públicas, privadas y comunitarias, y a bandas libres para la explotación de redes inalámbricas.

Nota. Adaptado de (Constitución del Ecuador. Art. 16. paj,25. https://n9.cl/z0d0)

CAPITULO I DEL PLAN NACIONAL DE LA ECONOMÍA SOCIAL DE LOS CONOCIMIENTOS, CREATIVIDAD, INNOVACIÓN Y SABERES ANCESTRALES

Art. 1.- Emisión y vigencia del plan.- El Plan Nacional de la Economía Social de los Conocimientos, Creatividad, Innovación y Saberes Ancestrales será elaborado por la Secretaría de Educación Superior, Ciencia, Tecnología e Innovación (SENESCYT) y el Comité Nacional Consultivo de Planificación de la Educación Superior, Ciencia, Tecnología, Innovación y Saberes Ancestrales, y observará las directrices en el ámbito regional emitidas por los Comités Regional Consultivos de Planificación de la Educación Superior, Ciencia, Tecnología, Innovación y Saberes Ancestrales.
Nota. Adaptado de (CAPÍTULO 1 DEL PLAN NACIONAL DE LA ECONOMÍA SOCIAL DE LOS CONOCIMIENTOS, CREATIVIDAD, INNOVACIÓN Y SABERES ANCESTRALES, 2017, Art 1. www.correosdelecuador.goh.ec)

SISTEMA NACIONAL DE CIENCIA, TECNOLOGÍA, INNOVACIÓN Y SABERES ANCESTRALES

Art. 385.- El sistema nacional de ciencia, tecnología, innovación y saberes ancestrales, en el marco del respeto al ambiente, la naturaleza, la vida, las culturas y la soberanía, tendrá como finalidad:

1. Generar, adaptar y difundir conocimientos científicos y tecnológicos.

2. Recuperar, fortalecer y potenciar los saberes ancestrales.

3. Desarrollar tecnologías e innovaciones que impulsen la producción nacional, eleven la eficiencia y productividad, mejoren la calidad de vida y contribuyan a la realización del buen vivir.

Art. 386.- El sistema comprenderá programas, políticas, recursos, acciones, e incorporará a instituciones del Estado, universidades y escuelas politécnicas, institutos de investigación públicos y particulares, empresas públicas y privadas, organismos no gubernamentales y personas naturales o jurídicas, en tanto realizan actividades de investigación, desarrollo tecnológico, innovación y aquellas ligadas a los saberes ancestrales.

Art. 387.- Será responsabilidad del Estado:

1. Facilitar e impulsar la incorporación a la sociedad del conocimiento para alcanzar los objetivos del régimen de desarrollo.

2. Promover la generación y producción de conocimiento, fomentar la investigación científica y tecnológica, y potenciar los saberes ancestrales, para así contribuir a la realización del buen vivir, al SUMAK KAWSAY.

3. Asegurar la difusión y el acceso a los conocimientos científicos y tecnológicos, el usufructo de sus descubrimientos y hallazgos en el marco de lo establecido en la Constitución y la Ley.

4. Garantizar la libertad de creación e investigación en el marco del respeto a la ética, la

naturaleza, el ambiente, y el rescate de los conocimientos ancestrales.

5. Reconocer la condición de investigador de acuerdo con la Ley.

Art. 388.- El Estado destinará los recursos necesarios para la investigación científica, el

desarrollo tecnológico, la innovación, la formación científica, la recuperación y desarrollo de saberes ancestrales y la difusión del conocimiento. Un porcentaje de estos recursos se destinará a financiar proyectos mediante fondos concursables. Las organizaciones que reciban fondos públicos estarán sujetas a la rendición de cuentas y al control estatal respectivo.

Nota. Adaptado de (SISTEMA NACIONAL DE CIENCIA, TECNOLOGÍA, INNOVACIÓN Y SABERES ANCESTRALES, Art. 385, 386, 387, 388, www.educacionsuperior.gob.ec.

CAPITULO III
MARCO METODOLÓGICO
Modalidad
Cuantitativa
Figura 36
Controlador de vehículo eléctrico.

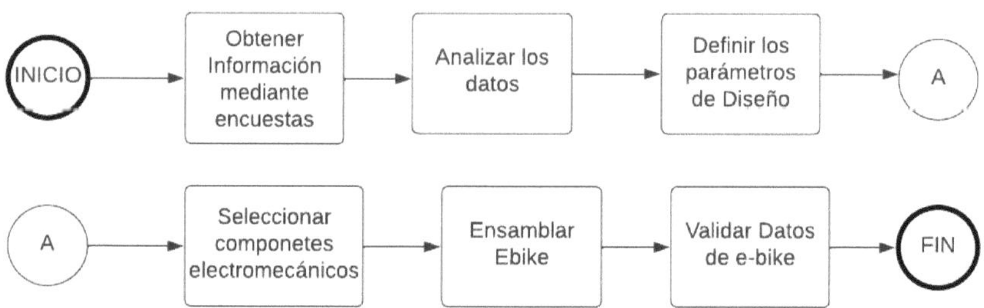

Nota. Adaptado de Controlador de vehículo eléctrico (Cristhian Casanova, 2024)

Obtener información mediante encuestas

Las encuestas representan un método de investigación ampliamente empleado para recopilar datos y opiniones de una muestra representativa de la población acerca de temas específicos. Este enfoque se basa en la formulación de preguntas estructuradas que permiten obtener tanto información cuantitativa como cualitativa, facilitando así el análisis e interpretación de los resultados.

El proceso de llevar a cabo una encuesta comienza con la clara definición del objetivo de la investigación. Este objetivo puede abarcar desde comprender las preferencias del público hacia un producto o servicio hasta evaluar el desempeño de un gobierno o partido político, o medir la satisfacción del cliente. Una vez establecido el objetivo, se selecciona una muestra representativa de la población objetivo, siendo esencial que esta sea lo suficientemente grande para ser estadísticamente significativa y fielmente representativa de la población que se pretende generalizar.

El diseño del cuestionario desempeña un papel crucial en el proceso de la encuesta. Este debe contener preguntas claras y pertinentes que posibiliten la obtención de respuestas válidas y fiables. Es imperativo evitar sesgos en las preguntas para no influir en las respuestas de los encuestados. Asimismo, se debe tener en cuenta el formato de la encuesta, ya sea presencial, telefónica, por correo electrónico o en línea, considerando las ventajas y desventajas de cada formato en términos de alcance, costo y precisión.

Análisis de datos

El análisis de datos en encuestas constituye el proceso de examinar y comprender la información obtenida a partir de las respuestas recopiladas. Este análisis implica la aplicación de métodos estadísticos y técnicas de visualización para identificar patrones, tendencias y relaciones dentro de los datos. El objetivo principal es extraer conocimientos significativos que faciliten la toma de decisiones informadas. Este proceso incluye la limpieza y preparación de los datos, el uso de herramientas como software estadístico o de visualización, así como la interpretación de los resultados.

Los pasos típicos en el análisis de datos de encuestas abarcan la segmentación de la muestra, el cálculo de estadísticas descriptivas como promedios y porcentajes, la aplicación de pruebas estadísticas para validar hipótesis, y la creación de gráficos para representar los hallazgos. Además, este análisis puede revelar percepciones clave sobre preferencias, opiniones, comportamientos y necesidades del público objetivo. Se destaca que este proceso resulta fundamental para la toma de decisiones estratégicas en áreas como marketing, investigación de mercado, ciencias sociales y políticas públicas.

Definir los parámetros de diseño

Definir los parámetros de diseño de un prototipo en una investigación implica establecer las pautas, especificaciones y características esenciales que orientarán el desarrollo e implementación del mismo. Este proceso resulta crucial para garantizar que el prototipo cumpla con los objetivos de la investigación y tenga la capacidad de demostrar o validar conceptos, métodos, tecnologías o soluciones propuestas. La definición de los parámetros de diseño abarca factores técnicos, funcionales, estéticos y de rendimiento, así como las necesidades específicas del usuario y el contexto de uso previsto.

En un primer paso, al definir los parámetros de diseño, es imperativo tener una comprensión clara de los objetivos y requisitos del proyecto de investigación. Esto implica identificar qué aspectos o conceptos se pretenden explorar, validar o mejorar mediante el prototipo, así como establecer las expectativas en cuanto a funcionalidad, rendimiento, usabilidad y experiencia del usuario.

Los parámetros de diseño también deben abordar consideraciones técnicas, como las tecnologías o herramientas que se utilizarán en el desarrollo del prototipo. Esto incluye la elección de plataformas de hardware y software, lenguajes de programación, entornos de desarrollo y otras herramientas necesarias para la implementación del prototipo.

Además, es crucial considerar las necesidades y preferencias del usuario al definir los parámetros de diseño. Esto implica comprender quiénes serán los usuarios finales del prototipo, sus expectativas, habilidades y limitaciones, así como el entorno en el que utilizarán el prototipo.

El aspecto funcional del prototipo también debe ser detallado en los parámetros de diseño, especificando las funciones o características necesarias para cumplir con su propósito previsto. Conjuntamente, es importante considerar cómo los usuarios interactuarán con el prototipo y qué tipo de retroalimentación se espera obtener. Los aspectos estéticos y ergonómicos también son integrales a los parámetros de diseño. La apariencia visual, la usabilidad y la experiencia del usuario deben ser cuidadosamente consideradas para asegurar que el prototipo sea atractivo y fácil de utilizar.

Adicionalmente, es fundamental establecer criterios claros para evaluar el rendimiento del prototipo, incluyendo pruebas de usabilidad, pruebas funcionales, pruebas de rendimiento técnico o cualquier otro método relevante para medir su eficacia y eficiencia.

Seleccionar componentes electromecánicos

La elección de componentes electromecánicos para un prototipo en una investigación constituye un proceso fundamental que implica la identificación, evaluación y selección de dispositivos, elementos y sistemas que integran características eléctricas y mecánicas para satisfacer los requisitos específicos del prototipo. Estos componentes son esenciales para el funcionamiento del prototipo y su capacidad para demostrar o validar conceptos, tecnologías o soluciones propuestas en el contexto de la investigación. La selección de componentes electromecánicos implica considerar factores técnicos, de rendimiento, de compatibilidad y de disponibilidad, así como optimizar costos y adaptarse a las necesidades del proyecto.

En el proceso de seleccionar componentes electromecánicos para un prototipo, es imperativo comprender los requisitos técnicos y funcionales del diseño. Esto incluye identificar las especificaciones eléctricas (como voltaje, corriente, potencia) y mecánicas (como fuerza, movimiento, velocidad) necesarias para el funcionamiento del prototipo. Además, se deben tener en cuenta factores como la durabilidad, resistencia a condiciones ambientales específicas y capacidad de integración con otros sistemas.

La compatibilidad entre los componentes seleccionados es un aspecto crítico. Es esencial asegurar que los elementos elegidos sean compatibles entre sí en términos eléctricos, mecánicos y de comunicación. Esto implica evaluar interfaces, protocolos de comunicación, conexiones físicas y cualquier otro aspecto relevante para una integración efectiva en el prototipo.

La disponibilidad y accesibilidad de los componentes seleccionados también son consideraciones importantes. Se debe evaluar si los componentes son fáciles de adquirir en el mercado actual y si existen alternativas disponibles en caso de escasez o discontinuidad del suministro. La disponibilidad a largo plazo es crucial para garantizar la viabilidad continua del prototipo.

La optimización de costos es otro factor clave en la selección de componentes electromecánicos. Esto implica buscar un equilibrio entre el rendimiento deseado y el costo asociado con cada componente. La viabilidad económica del prototipo depende en gran medida de la eficiencia en el uso de recursos y la maximización del valor por unidad monetaria invertida.

Además, es esencial considerar la adaptación a las necesidades específicas del proyecto. Los componentes seleccionados deben cumplir con los requisitos particulares de la investigación, ya sea en términos de tamaño, peso, consumo energético u otros aspectos que puedan ser críticos para el éxito del prototipo.

Ensamblar de Ebike

La construcción de una eBike implica la integración meticulosa de componentes eléctricos y mecánicos para desarrollar una bicicleta eléctrica que desempeñará un papel esencial en la conceptualización y validación de propuestas tecnológicas en el ámbito de la investigación. Este proceso involucra la elección y ensamblaje de componentes específicos para lograr un sistema funcional que cumpla con los objetivos establecidos.

En un principio, la construcción de una eBike requiere la cuidadosa selección de componentes clave, como el motor eléctrico, la batería, el controlador, el sistema de frenado, la transmisión y otros elementos afines. Cada uno de estos componentes desempeña un papel crucial en el rendimiento y la funcionalidad general de la eBike, por lo que su elección se fundamenta en los requisitos específicos del proyecto de investigación.

El motor eléctrico destaca como uno de los elementos más cruciales en el ensamblaje de una eBike. La potencia, eficiencia y características de control del motor deben alinearse con los objetivos de la investigación, ya sea en términos de rendimiento, autonomía o integración con otros sistemas. La batería, por su parte, se presenta como otro componente crítico, dado que su capacidad, peso y tecnología impactan directamente en la autonomía y el peso total del vehículo.

El controlador desempeña un papel fundamental en la regulación de la energía suministrada al motor y la gestión de otros aspectos del sistema eléctrico. Su elección y configuración son esenciales para garantizar un funcionamiento óptimo y seguro. Además, los sistemas de frenado y transmisión deben integrarse de manera adecuada para ofrecer un rendimiento equilibrado y seguro.

El ensamblaje propiamente dicho implica la instalación precisa y segura de cada componente en el chasis o estructura principal de la bicicleta. Esto puede implicar ajustes mecánicos, conexiones eléctricas, pruebas funcionales y ajustes finales para asegurar que todos los elementos trabajen de manera armoniosa.

En el contexto de una investigación, el ensamblaje de una eBike puede incluir la implementación de instrumentación para recopilar datos pertinentes relacionados con el rendimiento del vehículo. Esto podría involucrar la instalación de sensores, dispositivos de medición o sistemas de adquisición de datos que permitan obtener información valiosa para el análisis y la validación de hipótesis o conceptos específicos

Validar datos de Ebike La validación de datos en esta investigación constituye un proceso esencial para asegurar la precisión y confiabilidad de los resultados obtenidos. En el contexto de las ebikes, la validación de datos implica verificar la exactitud de la información recopilada durante el estudio, ya sea a través de pruebas en campo, encuestas, mediciones o análisis de datos.

En primera instancia, es crucial establecer criterios claros para la validación de datos específicos de las ebikes. Esto puede abarcar desde la verificación de la precisión de datos relacionados con el rendimiento, la duración de la batería, la eficiencia energética, hasta la comodidad del usuario y otros aspectos relevantes para la investigación.

Un aspecto fundamental en la validación de datos en una investigación sobre ebikes es la utilización de métodos y herramientas confiables para la recopilación de información. Esto puede involucrar el uso de dispositivos de medición precisos, encuestas bien diseñadas y protocolos estandarizados para pruebas en campo.

Además, es esencial llevar a cabo pruebas piloto y análisis estadísticos para evaluar la consistencia y confiabilidad de los datos recopilados. Esto puede incluir la comparación de resultados obtenidos a través de diferentes métodos o la verificación de la coherencia de los datos con teorías existentes o estudios previos.

Otro aspecto relevante es la exhaustiva revisión de los datos para identificar posibles errores o inconsistencias. Esto puede comprender la detección de valores atípicos, errores de medición o discrepancias entre diversas fuentes de información.

En cuanto a la presentación de los resultados, es crucial incorporar una sección detallada que describa el proceso de validación de datos, resaltando las estrategias utilizadas para garantizar la precisión y confiabilidad de los hallazgos. Esto proporciona transparencia y credibilidad a la investigación, permitiendo que otros investigadores puedan evaluar y replicar los resultados.

Técnicas E Instrumentos *Técnicas*
Encuesta

Una encuesta representa una herramienta de investigación diseñada para recopilar información mediante preguntas estructuradas, con el objetivo de profundizar en las opiniones, actitudes, comportamientos y características de un grupo específico de individuos. Este método encuentra aplicación en diversos contextos, como estudios académicos, investigaciones de mercado, evaluaciones de satisfacción del cliente y sondeos de opinión pública.

El propósito central de una encuesta radica en obtener datos tanto cuantitativos como cualitativos que posibiliten el análisis y la comprensión de las tendencias, preferencias, necesidades o percepciones de la población encuestada. Este logro se materializa a través de la cuidadosa formulación de preguntas que aborden los temas cruciales para la investigación. Las encuestas pueden administrarse de diversas maneras, ya sea en persona, por teléfono, en línea o mediante medios impresos, dependiendo del alcance y la naturaleza específica del estudio.

Observación

La observación constituye una técnica de investigación que implica la recopilación sistemática y cuidadosa de información mediante la visualización directa de eventos, comportamientos, situaciones o fenómenos, sin intervenir en los mismos. Su propósito es obtener datos detallados acerca de lo que sucede en un entorno específico con el fin de comprender de manera más profunda los patrones, interacciones y dinámicas presentes en dicho entorno.

Esta técnica puede llevarse a cabo en contextos naturales, como entornos sociales, laborales o comunitarios, así como en entornos controlados, como laboratorios o espacios experimentales. Además, la observación puede adoptar un enfoque participativo, en el cual el investigador interactúa con los participantes, o ser no participativa, donde el investigador simplemente observa sin interactuar.

Población Y Muestra

Población

La población en una investigación se refiere al conjunto completo de elementos o individuos que comparten una característica común y que son el enfoque de estudio de la investigación. En este caso al realizar este presente proyecto de investigación, se ha determinado como población de estudio a la ciudad de Tulcán.

Muestra

En una investigación, la muestra es un grupo representativo de la población total que se elige para ser estudiado. En lugar de analizar a todos los miembros de la población, se selecciona una muestra que sea lo suficientemente representativa como para poder generalizar los resultados a toda la población. En este caso, se seleccionarán al azar 25 personas de entre 18 y 50 años de edad en la ciudad de Tulcán para llevar a cabo la investigación.

Procesamiento de la información

Objetivo: Analizar la factibilidad para la construcción de un ebike para la mejora de movilidad dentro de la ciudad de Tulcán.

1. ¿A qué zona pertenece usted?
   a. Rural
   b. Urbana
2. ¿Cuál es el presupuestó al mes en movilidad?
   a. Mas de 25 dólares

b. Mas de 50 usd

c. Mas de 100 usd

3. Seleccione el medios de movilidad que usa para trasladarse

a. Carro propio

b. Transporte publico

c. Moto

d. Bicicleta

4. ¿Ha considerado utilizar medios de movilidad alternativos, como bicicleta eléctrica, patineta eléctrica, o moto eléctrica para sus desplazamientos cotidianos?

a. Sí

b. No

5. ¿Qué características considera más importantes al utilizar una bicicleta eléctrica?

a. Autonomía de la batería y ergonomía, peso de la bicicleta

b. Velocidad máxima, Comodidad, fácil de usar.

c. ambas

Interpretación De Resultados

Pregunta 1: ¿A qué zona pertenece usted?

a. Rural

b. Urbana

Figura 37

Resultados pregunta 1

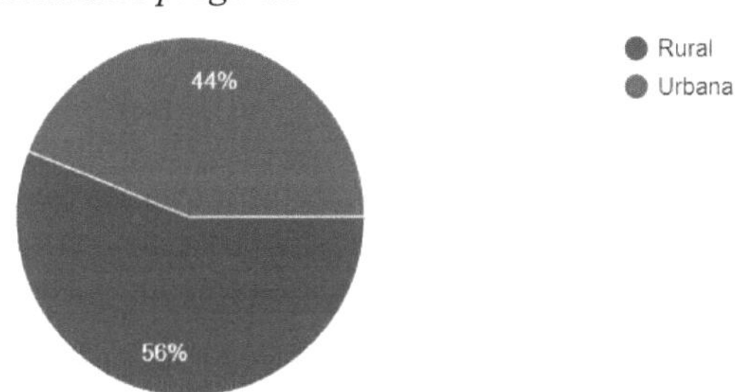

Nota. Adaptado de Resultados pregunta 1 (Cristhian Casanova, 2024)

Interpretación:

De acuerdo a los datos obtenidos se puede decir que la distribución demográfica entre áreas urbanas y rurales cobra aún más importancia. La presencia de una mayoría de encuestados en áreas rurales sugiere la necesidad de diseñar una eBike que sea adecuada y funcional para su uso en entornos rurales. Esto podría implicar consideraciones como durabilidad, capacidad para terrenos irregulares, autonomía de la batería y resistencia a condiciones climáticas adversas.

Asimismo, la distribución demográfica puede influir en las preferencias de diseño y características deseadas por los encuestados. Por ejemplo, es posible que los encuestados rurales valoren aspectos como la capacidad de carga, el rendimiento en carreteras no pavimentadas y la comodidad durante viajes más largos.

Pregunta 2: ¿Cuál es el presupuestó al mes en movilidad?

    a. Mas de 25 dólares

    b. Mas de 50 usd

    c. Mas de 100 usd

Figura 38

Resultados pregunta 2

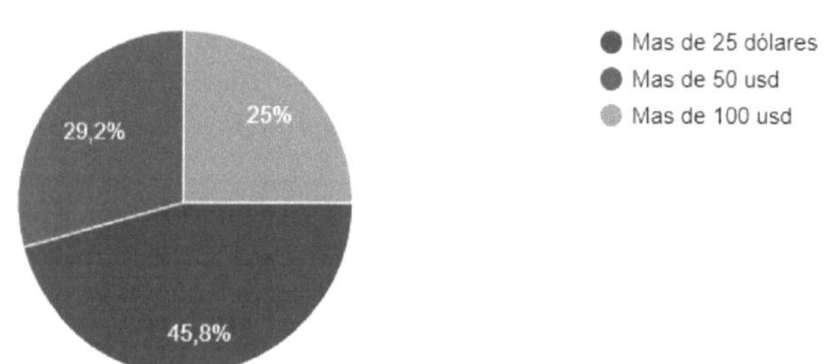

Nota. Adaptado de Resultados pregunta 2 (Cristhian Casanova, 2024)

Interpretación:

De acuerdo a con los datos obtenidos se puede decir que una parte significativa de los encuestados gasta una cantidad considerable de dinero en transporte cada mes. El hecho de que el 25% gaste más de 100 dólares al mes en transporte destaca la importancia de buscar alternativas que puedan reducir estos costos para los usuarios. Esto podría incluir el desarrollo de soluciones de movilidad más económicas y sostenibles, como una eBike, que podrían ayudar a los encuestados a reducir sus gastos mensuales en transporte.

Además, el hecho de que un porcentaje considerable gaste más de 25 dólares al mes sugiere que hay una demanda real de opciones de transporte asequibles y eficientes. Estos hallazgos respaldan la necesidad de desarrollar una eBike que pueda ofrecer una alternativa rentable y conveniente para los desplazamientos diarios.

Pregunta 3: Seleccione el medios de movilidad que usa para trasladarse
   a. Carro propio
   b. Transporte publico
   c. Moto
   d. Bicicleta

Figura 39

Resultados pregunta 3

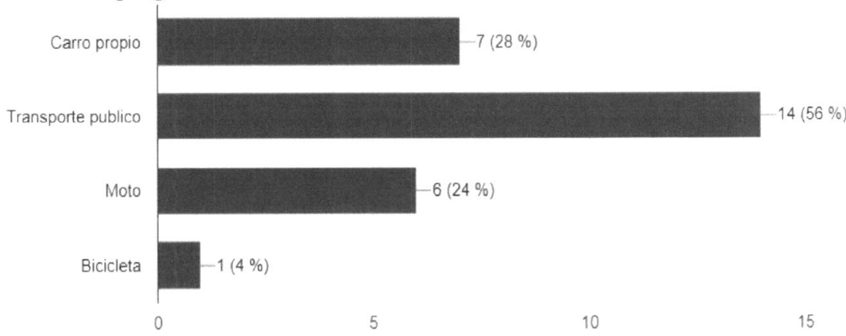

Nota. Adaptado de Resultados pregunta 3 (Cristhian Casanova, 2024)

Interpretación:

Dada la distribución de los medios de transporte utilizados por los encuestados, es evidente que la mayoría depende del transporte público y un porcentaje significativo utiliza automóviles propios. Sin embargo, es interesante observar que solo el 4% utiliza la bicicleta como medio de transporte, a pesar de sus beneficios en términos de sostenibilidad, salud y economía.

Esto sugiere una oportunidad para promover el uso de la bicicleta como una opción de movilidad más ampliamente adoptada. La construcción de una eBike que sea atractiva en términos de comodidad, rendimiento y asequibilidad podría ayudar a fomentar un cambio hacia el uso de la bicicleta como una alternativa al transporte público y al uso del automóvil.

Además, teniendo en cuenta que el 24% utiliza motocicletas, existe la posibilidad de que una eBike bien diseñada pueda ofrecer una alternativa más sostenible y económica para algunos usuarios de motocicletas, especialmente en entornos urbanos y rurales.

Pregunta 4: ¿Ha considerado utilizar medios de movilidad alternativos, como bicicleta eléctrica, patineta eléctrica, o moto eléctrica para sus desplazamientos cotidianos?

    a. Sí

    b. No

Figura 40

Resultados pregunta 4

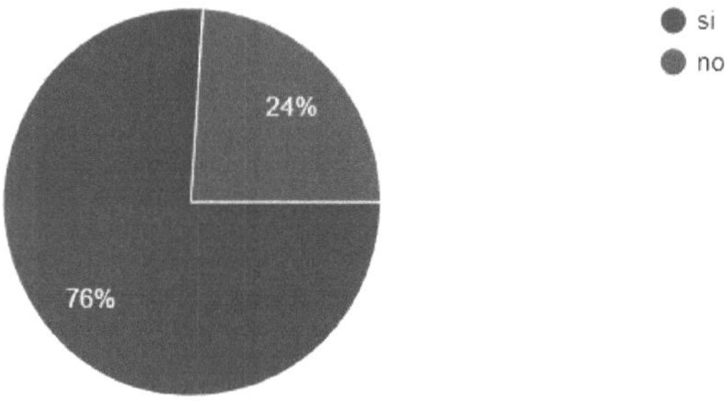

Nota. Adaptado de Resultados pregunta 4 (Cristhian Casanova, 2024)

Interpretación:

El hecho de que el 76% de los encuestados esté considerando la posibilidad de utilizar medios de movilidad alternativos, como la bicicleta eléctrica, la patineta eléctrica o la moto eléctrica, es una señal positiva en cuanto a la disposición a adoptar soluciones de movilidad más sostenibles y eficientes. Esto sugiere que existe un interés real en explorar opciones que ofrezcan beneficios tanto en términos de comodidad como de impacto ambiental.

Esta actitud receptiva hacia los medios de transporte alternativos indica una oportunidad para presentar la eBike como una opción atractiva que pueda satisfacer las necesidades y preferencias de esta mayoría. Aspectos como el diseño, el rendimiento, la autonomía de la batería y la facilidad de uso serán consideraciones clave para captar el interés y la adopción por parte de este grupo.

Además, es fundamental comprender las razones por las cuales el 24% restante no está considerando medios de movilidad alternativos. Identificar las barreras percibidas o los desafíos asociados con la adopción de estos medios podría proporcionar información valiosa para abordar las preocupaciones y diseñar soluciones que sean atractivas para un espectro más amplio de usuarios.

Pregunta 5. ¿Qué características considera más importantes al utilizar una bicicleta eléctrica?

> a. Autonomía de la batería y ergonomía, peso de la bicicleta
>
> b. Velocidad máxima, Comodidad, fácil de usar.
>
> c. ambas

Figura 41

Resultados pregunta 5

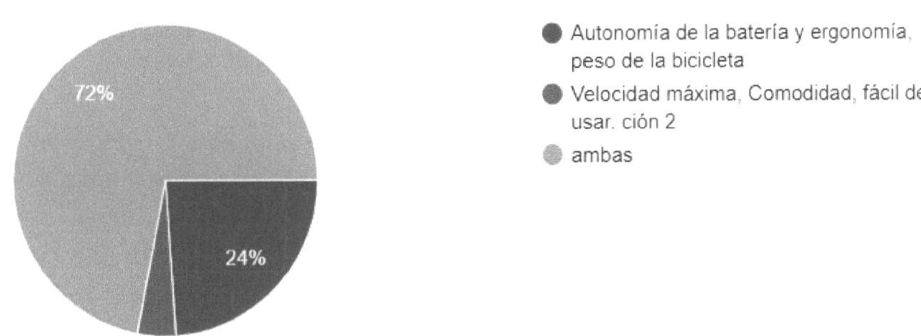

Nota. Adaptado de Resultados pregunta 5 (Cristhian Casanova, 2024)

Interpretación:

Los datos proporcionados revelan las preferencias y prioridades de los encuestados en cuanto a las características deseadas de una bicicleta eléctrica. Es significativo que el 72% de los encuestados haya expresado interés en ambas categorías de mejoras, lo que indica un deseo general de una bicicleta eléctrica que ofrezca tanto una mejor velocidad final, mayor comodidad y facilidad de uso, como una mayor autonomía, ergonomía y menor peso.

Esto sugiere que los usuarios están buscando una solución integral que combine un rendimiento excepcional con características ergonómicas y funcionales mejoradas. Esto es importante a la hora de diseñar la eBike, ya que es crucial ofrecer un equilibrio entre la velocidad, la comodidad, la autonomía y el peso para satisfacer las expectativas de la mayoría de los usuarios.

Para el 4% que desea una mejor velocidad final, mayor comodidad y facilidad de uso, es esencial garantizar que la eBike ofrezca un rendimiento superior en términos de velocidad y maniobrabilidad, al tiempo que proporciona una experiencia cómoda y fácil para el usuario. Por otro lado, para el 24% que busca una mejor autonomía, ergonomía y menor peso, se debe prestar atención al diseño de la batería para maximizar la autonomía, así como a la ergonomía general de la bicicleta y al uso de materiales livianos para reducir el peso.

Análisis De Información

Después de analizar los datos recopilados de las personas entrevistadas en la ciudad de Tulcán, se llegó a varias conclusiones clave:

1. La mayoría de las personas encuestadas viven en zonas rurales, lo que indica la necesidad de diseñar una bicicleta eléctrica que sea adecuada para uso tanto rural como urbano.

2. La mitad de los encuestados gasta más de 50 dólares al mes en transporte, lo que sugiere un interés significativo en medios alternativos de movilidad.

3. Solo una pequeña cantidad de personas encuestadas gasta más de 100 dólares al mes en transporte.

4. Existe un fuerte interés por un prototipo de bicicleta eléctrica que sea ergonómico y tenga un buen desempeño en autonomía y velocidad final.

Tabla 4:

factores para construir un ebike

FACTORES RELEVANTES A TOMAR EN CUENTA PARA CONSTRUCCIÓN DE EBIKE	CARACTERÍSTICAS
Tipo de terreno	Destapado y pavimentado
ángulo máx. de inclinación del terreno	30°
Peso promedio de una persona	90 kg
Distancia de recorrido	>60km
Velocidad final	>50km/h

Nota. Adaptado de factores para construir un ebike (Cristhian Casanova, 2024)

La recolección de estos datos nos proporciona una idea del tipo de ebike que vamos a construir. Dado que el peso promedio de una persona es de 90 kg, debemos sumarle el peso de las baterías, el motor eléctrico y otros componentes que se utilizarán en la construcción de la ebike. Esto nos lleva a estimar que el peso total a manejar será superior a los 120 kg, por lo que se requeriría un mínimo de 2 caballos de fuerza para alcanzar nuestro objetivo. Además, es importante considerar que el cuadro debe estar fabricado con un material de resistencia media-alta, por lo que se deberían contemplar cuadros de aluminio 6061 debido a los beneficios peso en relación de su resistencia, los cuales ofrecen dichas características para este tipo de proyecto. Asimismo, será necesario buscar una batería que nos brinde una autonomía superior a 60 km, adaptándola en función del motor para lograr la máxima eficiencia posible. A esto le sumamos un rin trasero de alta resistencia porque este va a soportar el peso de motor adicionalmente.

CAPITULO IV

Diseño Y Construcción De Un Ebike Para Mejorar La Movilidad En La Ciudad De Tulcán

Presentación

La falta de actualización en conocimientos sobre tecnología de motores eléctricos y vehículos de dos ruedas en el Instituto Superior Tecnológico "Vicente Fierro" ha generado notables limitaciones en la formación de los estudiantes y en la capacidad del instituto para adaptarse a los avances tecnológicos. A pesar del tiempo transcurrido desde la introducción de estos vehículos al mercado, son escasos los esfuerzos destinados a integrar esta tecnología en las instalaciones educativas.

La pandemia, como fenómeno global, ha desencadenado transformaciones significativas en el ámbito educativo, generando consecuencias palpables en el acceso a la información y la adquisición de nuevas habilidades por parte de estudiantes y profesionales. Esta realidad ha creado un panorama en el cual la falta de conocimientos específicos sobre tecnología eléctrica y movilidad sostenible se ha agravado, dado que muchos individuos carecen de las herramientas necesarias para abordar estas temáticas.

Asimismo, el mercado actual presenta vehículos eléctricos con limitaciones notables en autonomía y velocidad, lo cual desanima a los consumidores interesados en optar por soluciones de movilidad sostenible y eficiente. Esta combinación de carencias en la oferta educativa y en las opciones disponibles en el mercado contribuye a perpetuar la brecha de conocimientos y habilidades en torno a la tecnología de vehículos eléctricos.

En este contexto, resulta esencial abordar de manera proactiva esta falta de conocimientos en el campo de la tecnología eléctrica y la movilidad sostenible. Sería valioso considerar la posibilidad de plantear estas preocupaciones a las autoridades del Instituto Superior Tecnológico "Vicente Fierro", buscando su compromiso en la actualización y expansión del plan de estudios para incluir aspectos relevantes de la tecnología de motores eléctricos y vehículos sostenibles.

Además, explorar opciones para promover la inclusión de estos conocimientos en el plan de estudios puede ir acompañado de la búsqueda de fuentes externas de formación. Colaborar con expertos en la industria, establecer alianzas con empresas especializadas o incluso organizar programas de capacitación externos podrían ser estrategias efectivas para complementar la formación interna del instituto.

En última instancia, la iniciativa de abordar esta carencia de conocimientos no solo beneficiaría a los estudiantes y al personal docente, sino que también contribuiría a la preparación de profesionales capaces de enfrentar los desafíos y aprovechar las oportunidades en el creciente campo de la tecnología de vehículos eléctricos y la movilidad sostenible. Este enfoque proactivo no solo fortalecería la posición del instituto como entidad educativa de vanguardia, sino que también fomentaría la adopción de soluciones de movilidad más sostenibles en la sociedad en general.

Aspecto Inventivo

Una idea inventiva para lograr un desarrollo de este prototipo a futuro podría ser la implementación de un sistema híbrido de propulsión que combine la energía eléctrica con un sistema de asistencia al pedaleo más avanzado.

En primer lugar, se podría considerar la integración de un motor eléctrico de alto rendimiento junto con tecnología de baterías de última generación que permita una mayor autonomía sin sacrificar el peso ni el espacio. La utilización de materiales avanzados para las baterías, como celdas de estado sólido, podría representar un avance significativo en la densidad energética y la vida útil de la batería, lo que a su vez contribuiría a una mayor autonomía para la eBike.

Además, se podría explorar la posibilidad de implementar un sistema de recuperación de energía cinética que aproveche la frenada regenerativa para recargar parcialmente la batería durante el uso. Esta tecnología permitiría maximizar la eficiencia energética y aumentar la autonomía general de la eBike, especialmente en condiciones de conducción urbana con paradas y arranques frecuentes.

En cuanto a la velocidad final, se podría investigar el desarrollo de un sistema de asistencia al pedaleo más potente y sensible, que brinde una aceleración más rápida y un soporte continuo a velocidades más altas. Esto podría lograrse mediante el uso de sensores avanzados que detecten el esfuerzo del ciclista y ajusten dinámicamente la potencia entregada por el motor eléctrico para proporcionar un impulso adicional en momentos clave.

Contextualización Y Justificación

Después de analizar los resultados de las encuestas, se ha obtenido datos importantes que han permitido identificar los componentes más relevantes para la construcción del ebike. A continuación, se presenta una tabla que resume los factores más significativos extraídos de las encuestas realizadas.

Tabla 5:

factores para construir un ebike

FACTORES RELEVANTES A TOMAR EN CUENTA PARA CONSTRUCCIÓN DE EBIKE	CARACTERÍSTICAS
Tipo de terreno	Destapado y pavimentado
ángulo máx. de inclinación del terreno	30°
Peso promedio de una persona	90 kg
Distancia de recorrido	>60km
Velocidad final	>50km/h

Nota. Adaptado de factores para construir un ebike (Cristhian Casanova, 2024)

Selección de Motor

Para la selección de un motor para un ebike es importante considerar el tipo de terreno en el que planea usarla, el peso, la autonomía que se desea alcanzar, para ello se va a dar ciertas características que han sido resultado de encuestas realizadas en la ciudad de Tulcán.

Cálculo de torque

Para el cálculo del torque se toma como referencia la moto KTM freeride del 2023 la cual posee un par máximo de hasta 43 Nm, entonces se puede decir que se necesitara un torque de 43 Nm (KTM, 2024)

Cálculo de velocidad angular

Se tiene una bicicleta de un aro de 29 pulgadas y que tiene un velocidad requerida de 50 Km/h, se necesita conocer su velocidad angular.

Donde

V: velocidad requerida (m/s)

ω: velocidad angular (rad/s)

R: radio de la rueda (m)

Datos

V: 50 Km/h o 13,88 M/s

Aro de llanta de 29 pulgadas o 0,74 m

$$\omega = \frac{V}{R} = \frac{\frac{13{,}88m}{s}}{0{,}37m} = 37{,}51\,\frac{rad}{s}$$

Cálculo de potencia

Donde

P: potencia (watts)

ω: velocidad angular (rad/s)

T: momento de torción (Nw)

Entonces:

$$P = T * \omega$$

$$P = 43Nw * 37{,}51\,\frac{rad}{s} = 1613\,watts$$

Selección de batería

Se está proyectando un incremento significativo en la autonomía de la ebike, con el objetivo de superar los 60 km, ya que las versiones actualmente disponibles en el mercado se encuentran limitadas a un máximo de 40 km de autonomía. Esta mejora proyectada en la capacidad de recorrido responde a la creciente demanda de soluciones de movilidad eléctrica más versátiles y capaces de cubrir distancias más largas sin necesidad de recargas frecuentes.

Cálculo de batería

Se tiene una batería de 48V con un amperaje 60 A, el motor funciona con un volteje nominal de 48V a 50 A, calcular el tiempo que tarda en descargarse.

Donde

T: tiempo (h)

I: intensidad o corriente (A)

I.B.: Intensidad Batería

I.M.: Intensidad Batería

$$T = \frac{I.B.}{I.M.}$$

Nota. Adaptado de Calcular Autonomía de Batería (Coelectrix, 2019), Coelectrix (https://n9.cl/io4l7)

$$T = \frac{I.\,bateria}{I.\,motor} = \frac{60\;A}{50\;A} = 1{,}2\;h$$

Si un motor de 1613 watts funciona a una velocidad máxima de 50 Km/h y se lo usa a esa velocidad constantemente por 1,2 horas, calcular cual es la distancia total.

Donde

V: velocidad (Km/h)

T: tiempo (h)

D: distancia (Km)

Entonces:

$$D = V * T = 50 * 1{,}2H = 60\;km$$

Dado que los motores eléctricos se fabrican con una diferencia de 500 watts, se ha optado por buscar un motor que se ajuste lo más posible a los cálculos realizados. A continuación, se presenta la ficha técnica del motor que se debería adquirir para lograr y superar los resultados.

Tabla 6:

Especificación principal del motor

N°	Descripción	Características
1	Tipo de motor	motor de cubo BLDC con imán permanente
2	Diseño del motor	salida de doble eje
3	Orificio para radios	3,4mm x 36 piezas
4	a juego Llanta	16-29 pulgadas
5	Altura del imán	50mm
6	Pares de polos	16 pares, Imanes curvos de 32 150 con nivel de resistencia al calor "SH" (grados)
7	Voltaje nominal	V 48 (36-96V puede ser opcional)
8	Velocidad	75 km/h (30-75 km/h se puede personalizar)
9	Máx. RPM sin carga	950RPM
10	Par máximo	2,70 HP
11	Eficiencia máxima	88%
12	Corriente continua	10A
13	Corriente máxima	40A (pico 50A en poco tiempo)

Nota. Adaptado de (NBPOWER, 2024)

Según la ficha técnica del motor eléctrico, se especifica que se necesita un voltaje nominal de 48 voltios, el cual ha sido óptimamente ajustado para su funcionamiento. Sin embargo, también es posible utilizarlo con 72 voltios, aunque esto conllevaría un mayor consumo energético por parte de la batería. A cambio, se obtendría una potencia considerablemente mayor y una velocidad final superior. No obstante, este aumento en el rendimiento podría afectar la autonomía del e-bike.

Por lo tanto, para garantizar un equilibrio entre potencia y duración de la batería, se recomienda utilizar una batería de 48 voltios de iones de litio.

Esta elección asegura una vida útil de 500 ciclos sin experimentar pérdidas significativas en el rendimiento.

Requerimientos:
Requerimientos Materiales:

De acuerdo con la investigación que se ha venido trabajando, se puede determinar que los recursos materiales han sido muchos, y de mucha importancia para cada capítulo de este proyecto, a continuación, un resumen de todos los recursos materiales usados para la elaboración de este proyecto.

Tabla 7:
Recursos Materiales

Detalle	Cant.	Precio U.	Precio T.
Motor eléctrico 1500 watts	1	800 usd	800 usd
Batería de 52 voltios a 12.8 Amperios	1	700 usd	700 usd
Suspensión delantera	1	50 usd	50 usd
Aros de bicicleta	2	25 usd	50 usd
Llantas montañeras	2	20 usd	40 usd
Silla	1	70 usd	70 usd
Cuadro aluminio T6061	1	100 usd	100 usd
Controlador de batería	1	150 usd	150 usd
Total		1960	1960

Nota. Adaptado de Recursos Materiales (Cristhian Casanova, 2024)

Requerimientos Humanos
Tabla 8:
Recursos Humanos

Recurso Humano	Detalle
Comité tutorial	Docentes de la carrera de Mecánica Automotriz del Instituto Superior Tecnológico "Vicente Fierro"
Población muestra	25 personas de la ciudad de Tulcán

Nota. Adaptado de Recursos Humanos (Cristhian Casanova, 2024)

Diseño Global
Figura 42
Lado izquierdo de ebike

Nota. Adaptado de Lado izquierdo de ebike (Cristhian Casanova, 2024)

Figura 43

Lado frontal de ebike

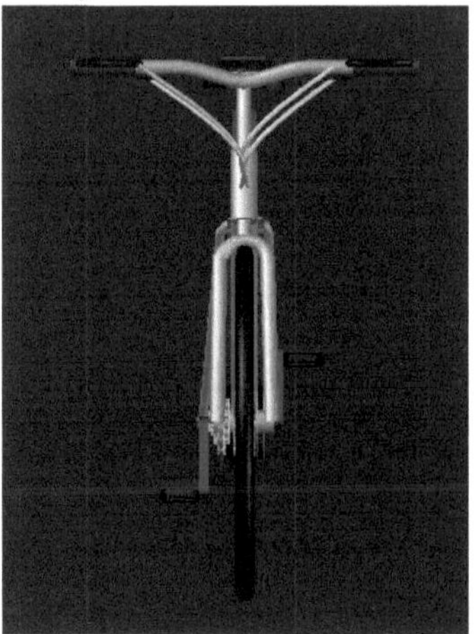

Nota. Adaptado de Lado frontal de ebike (Cristhian Casanova, 2024)

Figura 44

Lado derecho de ebike

Nota. Adaptado de Lado derecho de ebike (Cristhian Casanova, 2024)

Figura 45

Perspectiva de ebike

Nota. Adaptado de perspectiva de ebike (Cristhian Casanova, 2024)

Diseño Detallado

Figura 46

Rueda trasera con motor

Nota. Adaptado de Rueda trasera con motor (Cristhian Casanova, 2024)

Figura 47

Planos del motor

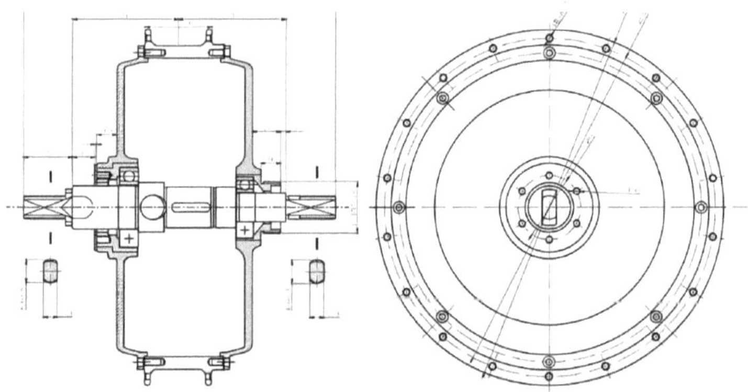

Nota. Adaptado de Planos del motor, (NBPOWER, 2024) nbpower.com (https://n9.cl/o8p7a)

Figura 48

Rueda delantera

Nota. Adaptado de Rueda delantera (Cristhian Casanova, 2024)

Figura 49

Cuadro, transmisión y suspensión ebike

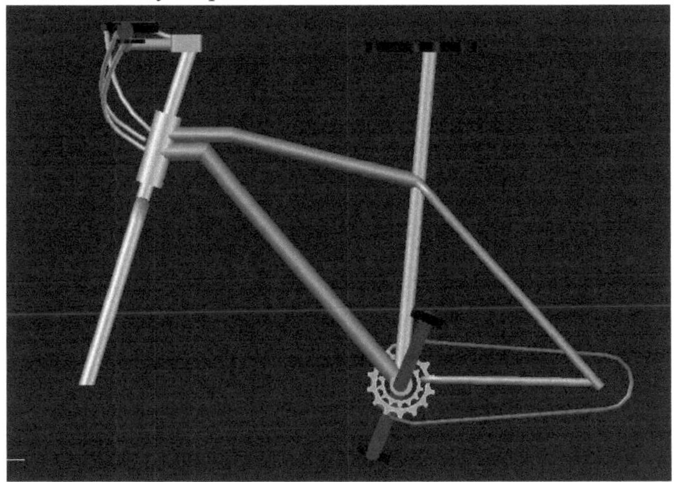

Nota. Adaptado de Cuadro, transmisión y suspensión ebike (Cristhian Casanova, 2024)

Figura 50

Batería ebike

Nota. Adaptado de Batería ebike (Cristhian Casanova, 2024)

Figura 51

Controlador dentro de mochila

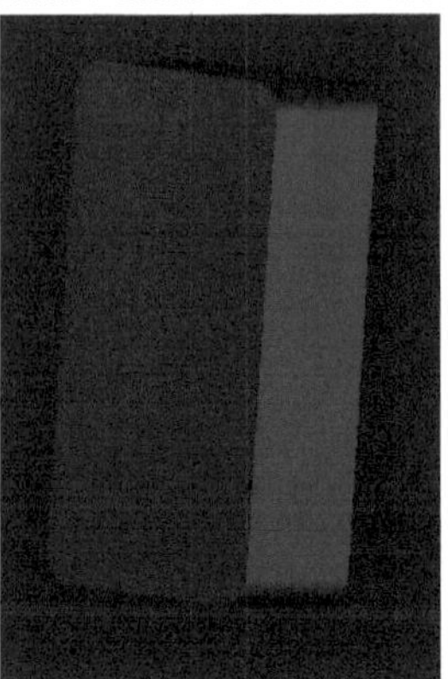

Nota. Adaptado de Controlador dentro de mochila (Cristhian Casanova, 2024)

Proceso de montaje en AutoCAD

El proceso de montaje de la bicicleta eléctrica (ebike) comenzó con la creación de un boceto inicial a mano. Este boceto representaba los componentes principales del ebike, como el cuadro y las ruedas esto se lo puede apreciar en la figura 52.

Figura 52

Bocetos para diseño de ebike

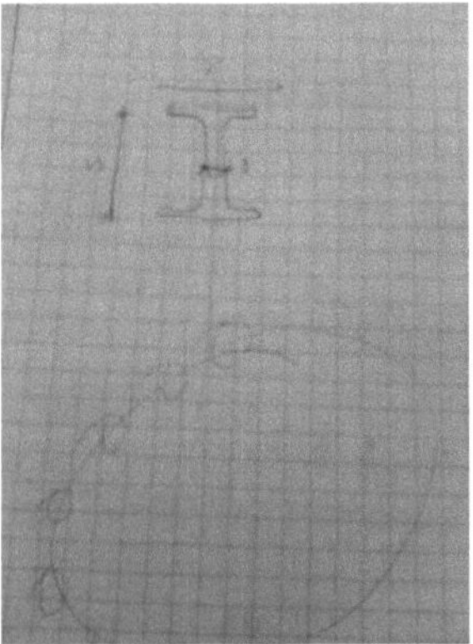

Nota. Adaptado de Bocetos para diseño de ebike (Cristhian Casanova, 2024)

El primer paso fue diseñar un plano detallado de las ruedas en AutoCAD. Se inició con un boceto en 2D, esto se lo puede apreciar en la figura 53, luego se extruyó mediante la técnica de revolución para formar cada uno de los radios de la rueda y su rin como se puede ver en la figura 54 y figura 55.

Figura 53

Bocetos en AutoCAD para diseño ebike

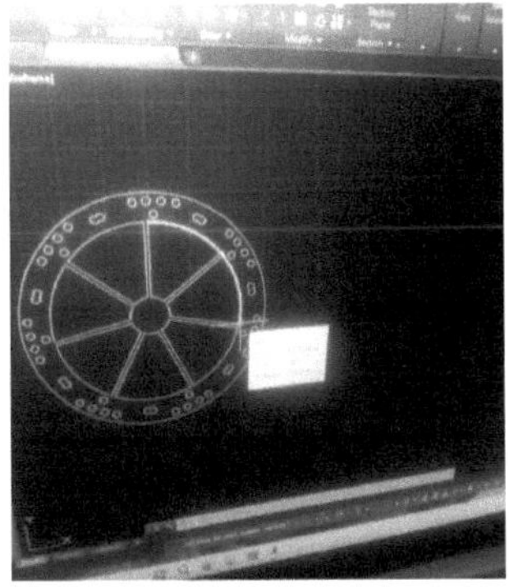

Nota. Adaptado de Bocetos en AutoCAD para diseño ebike (Cristhian Casanova, 2024)

Figura 54

Bocetos en AutoCAD para diseño de rin ebike

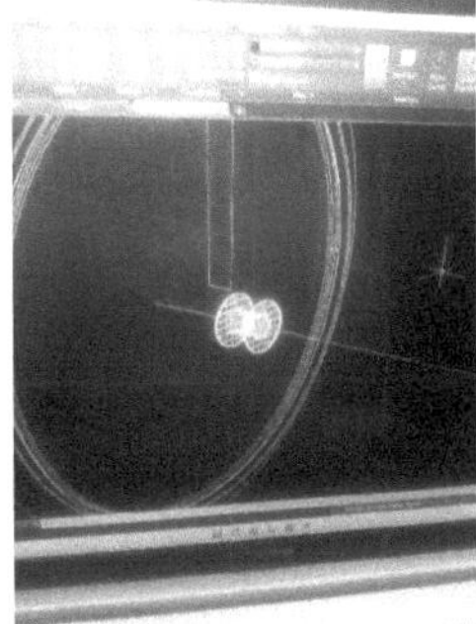

Nota. Adaptado de Bocetos en AutoCAD para diseño de rin ebike (Cristhian Casanova, 2024)

Figura 55

Bocetos en AutoCAD para diseño de rin ebike

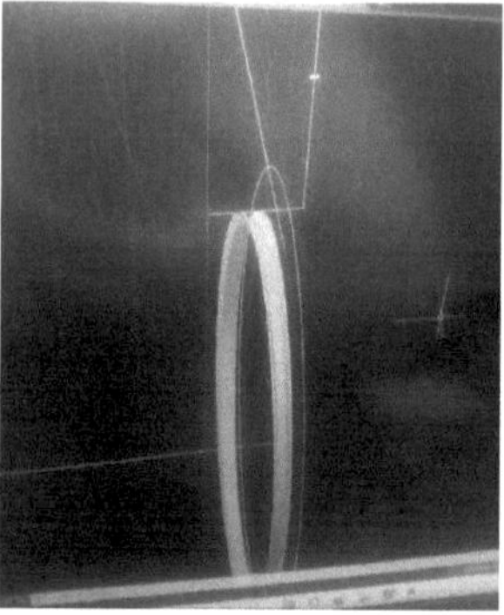

Nota. Adaptado de Bocetos en AutoCAD para diseño de rin ebike (Cristhian Casanova, 2024)

En el caso de la rueda trasera, se diseñó primero el motor, el disco de freno y los engranajes de los cambios traseros. Posteriormente, con la ayuda del dibujo asistido por ordenador, se pudo diseñar el rin y los radios a la medida exacta del motor y el rin trasero, esto se lo puede apreciar en la figura 56.

Figura 56

Bocetos en AutoCAD para diseño de rin ebike

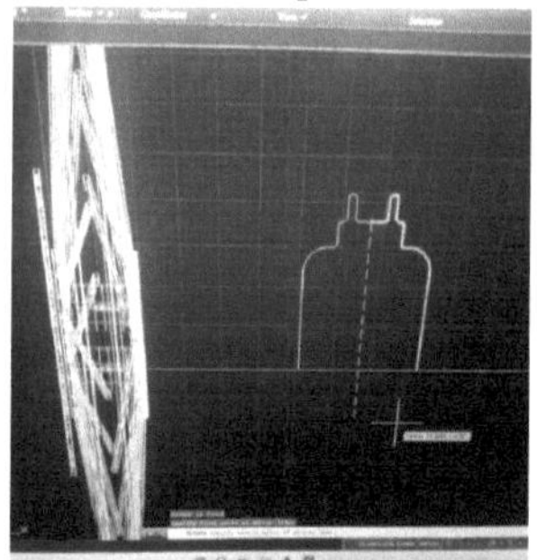

Nota. Adaptado de Bocetos en AutoCAD para diseño de rin ebike (Cristhian Casanova, 2024)

A continuación, se procedió a diseñar el cuadro del ebike en 2D. Cada uno de los lados del cuadro se extruyó mediante la técnica de revolución para darle su forma tridimensional, esto se lo puede ver en la figura 57. Además, se diseñó la suspensión delantera junto con el manubrio.

Figura 57

Diseño de cuadro y componentes ebike

Nota. Adaptado de Diseño de cuadro y componentes ebike (Cristhian Casanova, 2024)

Para los detalles más finos, como los pedales, los cables, la batería, el bolso del controlador y las maniguetas de freno, se utilizaron técnicas de dibujo asistido para extruir y revolucionar los diseños. Estos componentes se diseñaron por separado para ser ensamblados al final.

Finalmente, se llevó a cabo el ensamblaje de cada uno de los componentes. Primero, se ensambló cada rueda, seguido del cuadro con el manubrio y la suspensión. Luego, se añadieron los accesorios y, finalmente, se ensamblaron las ruedas al cuadro, la batería, el controlador y sus respectivos cables. Este meticuloso proceso resultó en la creación de una ebike completamente funcional y estéticamente agradable, esto se lo puedo observar en la figura 58.

Figura 58

Ensamblaje de componentes en AutoCAD

Nota. Adaptado de Ensamblaje de componentes en AutoCAD (Cristhian Casanova, 2024)

Una vez finalizado el diseño de la bicicleta eléctrica (ebike) en AutoCAD, se inició el proceso de importación de cada uno de los componentes necesarios para su construcción. En Ecuador, algunos de estos componentes, como el cuadro, la rueda delantera, la suspensión, el manubrio y los frenos, estaban disponibles localmente. Sin embargo, otros componentes específicos, como la rueda trasera reforzada, el motor, el controlador, los sensores, la batería y la pantalla, no estaban disponibles en el país y tuvieron que ser importados por medios legales esto se lo puede apreciar en la figura 59.

Figura 59

Llegada de la importación de los componentes ebike

Nota. Adaptado de Llegada de la importación de los componentes ebike (Cristhian Casanova, 2024)

Dado que la batería es considerada un objeto peligroso para el transporte en Ecuador, se utilizaron medios alternativos para su importación. Una vez que todos los componentes llegaron, se inició el proceso de ensamblaje.

El primer paso en el ensamblaje fue la bicicleta en sí, que incluía las ruedas, la suspensión y los cambios, junto con los frenos hidráulicos. Además, se lubricaron todas las partes que están en constante movimiento para asegurar su correcto funcionamiento. Esto se lo aprecia mejor en la figura 60.

Figura 60

Montaje de ebike

Nota. Adaptado de Montaje de ebike (Cristhian Casanova, 2024)
Posteriormente, se alinearon las ruedas y se despejaron todos los cables, buscando las conexiones a través de la comprobación de voltajes, tanto de referencia como de señal. Esto se lo puede ver en la figura 61.

Figura 61

Montaje de conexiones ebike

Nota. Adaptado de Montaje de conexiones ebike (Cristhian Casanova, 2024)
Una vez completado el ensamblaje, se realizó la primera prueba de encendido de la ebike para comprobar que todo funcionara correctamente. Se lo puede apreciar en la figura 62.

Figura 62

Primer encendida y testeo de componentes

Nota. Adaptado de Primer encendida y testeo de componentes (Cristhian Casanova, 2024)

Posteriormente, se compró cable adicional para aumentar en varios casos y buscar la mejor manera de aislar todo ello. Para mejorar la estética y funcionalidad de la ebike, se mandó a confeccionar un bolso especial a medida para sujetar el controlador. Finalmente, se realizaron algunos ajustes al controlador para maximizar su rendimiento. Este meticuloso proceso resultó en la creación de una ebike completamente funcional, segura y estéticamente agradable. Originalmente la ebike tenía una velocidad final de 65 km/h y una baja autonomía, pero gracias a varios ajustes en el controlador se pudo mejorar la autonomía en modo power a 80 km y 120 km en modo eco, todo esto se lo aprecia en la figura 63 y la figura 64.

Figura 63

Velocidad nominal

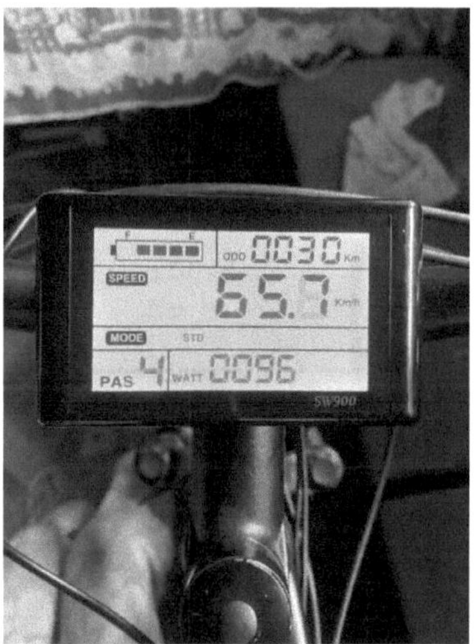

Nota. Adaptado de Velocidad nominal (Cristhian Casanova, 2024)

Figura 64

Velocidad final alcanzada

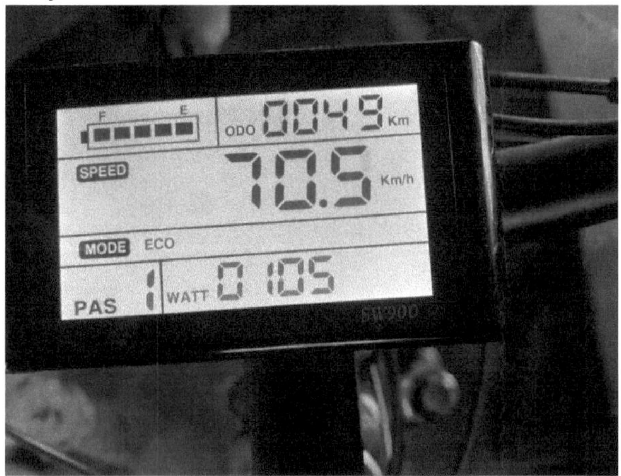

Nota. Adaptado de Velocidad final alcanzada (Cristhian Casanova, 2024)

Pruebas
Tabla 9:
Pruebas

PRUEBAS					
N° de prueba	Detalle	Resultado	Corrección	Fecha	Observación
Prueba N° 1	Cuadro de bicicleta deformándose	Cuadro se deformo al llevarlo por zona rural	Se cambio por un cuadro de mayor calidad de aluminio 6061	15/12/2023	Se debe realizar un análisis de cargas dependiendo del peso que se vaya a usar en el cuadro del ebike
Prueba N° 2	Recalentamiento motor ebike	Tras usar toda la potencia neta del motor se tiende a recalentar sobre todo cuando se lo utiliza a fondo por más de 30 minutos	Realizar una reconfiguración para que se limite la potencia del motor	22/12/2023	Se debe realizar más pruebas a fondo para conocer los posibles fallos
Prueba N° 3	Pacha de velocidades no cambia de velocidades	Los cambios no suben ni bajan de la pacha de velocidades	Se procedió a realizar modificaciones a la pacha, dejando una pacha de 5 velocidades sin dañar los principios de funcionamiento	23/12/2023	Se debe tener en cuenta que todos los cambios de la ebike funcionen.
Prueba N° 4	Arandelas se traban en eje trasero	Sonidos de rozamientos y fricción en eje trasero, y baja velocidad	Se desarmo el eje trasero y se sustituyó las arandelas, modificando la	24/12/2023	Revisar que no haya presión sobre las vainas

		final.	pacha de velocidades para que se elimine dicha fricción.		traseras al ensamblar el eje.
Prueba N° 5	Baja autonomía con motor	El motor no respondía correctamente y había un corte de corriente a los 45 km/h	Se reviso las conexiones eléctricas y se aisló todos los cables sueltos, para que no haya consumo de corriente.	12/12/2023	Tener cuidado con los cables que quedan expuestos.

Nota. Adaptado de Pruebas (Cristhian Casanova, 2024)

Modalidades De Uso
Manual de usuario
Introducción

Este manual ha sido creado con el propósito de brindar toda la información necesaria para que poder disfrutar al máximo de un ebike y aprovechar al máximo sus funciones y capacidades.

Un ebike es mucho más que una bicicleta convencional. Con su sistema de asistencia eléctrica, ofrece la posibilidad de explorar tu entorno con facilidad y estilo, ya sea en la ciudad o en terrenos más desafiantes. Esta combinación de tecnología avanzada y diseño innovador brinda la libertad de moverte con agilidad y sin esfuerzo, permitiendo disfrutar de una experiencia de conducción única.

En las páginas siguientes, se encontrará instrucciones detalladas sobre cómo operar, mantener y disfrutar de un ebike de manera segura y efectiva. Desde la puesta en marcha inicial hasta el mantenimiento periódico, proporcionando toda la información necesaria para que poder disfrutar de un ebike durante muchos años.

Además, se aprenderá sobre las características específicas de un ebike, incluyendo su sistema de asistencia eléctrica, controles intuitivos, opciones de personalización y mucho más.

Este manual está diseñado para ser accesible y fácil de entender para todos los usuarios, ya sean ciclistas experimentados o personas que están descubriendo el mundo del ciclismo por primera vez. El objetivo es brindar toda la información que necesaria para convertirte en un experto en el uso y cuidado de un ebike, permitiéndote disfrutar al máximo de cada recorrido.

Seguridad Y Precauciones

Antes de usar un ebike, es importante tener en cuenta varias seguridades y precauciones para garantizar una experiencia segura. Aquí se proporciona algunas recomendaciones:

Uso del casco: Siempre utilizar un casco diseñado para ciclismo que se ajuste adecuadamente a la cabeza. El casco es un elemento fundamental para proteger en caso de caídas o impactos inesperados.

Ajuste de la bicicleta: Asegurarse de que la ebike esté ajustada a tu tamaño y preferencias. La altura del asiento, el manillar y otros componentes deben estar configurados para brindar comodidad y control mientras se conduce.

Revisión del equipo: Antes de cada viaje, verificar que todos los componentes del ebike estén en buen estado, incluyendo frenos, neumáticos y sistema de asistencia eléctrica.

Atención y visibilidad: Mantener la atención constante en tu entorno mientras se conduce. Asegurarse de que otros usuarios de la vía te vean claramente, especialmente en condiciones de poca luz o mal tiempo.

Mantenimiento del control: Practicar el manejo seguro de un ebike, aprendiendo a controlar la velocidad, girar con suavidad y anticipar posibles obstáculos en el camino.

Componentes De La Ebike

Batería: Es la fuente de energía de la bicicleta eléctrica, su capacidad determina la autonomía.

Motor: Puede ser montado en la rueda delantera, trasera o en el centro de la bicicleta. Su potencia influirá en el rendimiento y la asistencia al pedaleo.

Controlador: Regula el flujo de energía del motor y gestiona el funcionamiento general del sistema eléctrico.

Display y mando: Proporciona información sobre la velocidad, nivel de asistencia, estado de la batería, entre otros datos, y permite controlar la asistencia del motor.

Sensor de pedaleo: Detecta el movimiento de los pedales para activar el motor y ajustar la asistencia al pedaleo.

Frenos: Es importante tener en cuenta que las ebikes suelen requerir frenos más potentes debido al aumento de velocidad y peso.

Cómo Encender Y Apagar La Ebike

El encendido y apagado de una ebike puede variar ligeramente dependiendo del modelo y la marca, pero por lo general, el proceso es el siguiente:

Encendido: Por lo general, se enciende la ebike presionando un botón en el display o en la batería. Algunas ebikes también se encienden al activar el sensor de pedaleo o al presionar un botón específico en el mando. En este caso se abre el paso de corriente en la batería y se procede a encender con el botón M que se encuentra junto al display.

Apagado: Para apagar la ebike, se suele mantener presionado el mismo botón que se utilizó para encenderla. En algunos casos, es necesario seguir un proceso específico, como mantener presionado un botón durante unos segundos o realizar una combinación de pulsaciones en el display o mando. Como precaución de debe cortar la corriente al final de cada salida.

Uso De Los Modos De Asistencia

Los modos de asistencia en una ebike son una característica clave que permite al ciclista ajustar el nivel de apoyo que recibe del motor eléctrico. Aquí tienes una descripción general de los modos de asistencia más comunes:

1. Modo de asistencia baja: Proporciona un nivel bajo de asistencia, lo que permite un pedaleo más activo por parte del ciclista. Es ideal para terrenos planos o para aumentar la autonomía de la batería.

2. Modo de asistencia media: Ofrece un nivel intermedio de asistencia, lo que facilita el pedaleo en terrenos variados y ligeramente inclinados. Es el modo más utilizado para un equilibrio entre rendimiento y autonomía.

3. Modo de asistencia alta: Proporciona un alto nivel de asistencia, lo que facilita el pedaleo en pendientes pronunciadas y terrenos difíciles. Es útil para obtener un impulso adicional en situaciones exigentes.

Algunas ebikes también ofrecen modos personalizables que permiten al ciclista ajustar la potencia y la respuesta del motor según sus preferencias individuales.

El uso de los modos de asistencia permite adaptar la experiencia de conducción a las necesidades y condiciones específicas, maximizando tanto el rendimiento como la eficiencia energética.

Carga De La Batería

La carga de la batería de una ebike es un proceso importante para mantener su rendimiento y durabilidad. Aquí tienes algunos consejos sobre la carga de la batería:

1. Utiliza el cargador original: Siempre es recomendable utilizar el cargador suministrado por el fabricante de la ebike, ya que está diseñado específicamente para la batería y garantiza una carga segura y eficiente.

2. Conexión a la red eléctrica: Conecta el cargador a una toma de corriente eléctrica estándar. Asegúrate de que la toma esté en buenas condiciones y que la instalación eléctrica sea segura.

3. Carga completa: Es recomendable cargar la batería por completo antes de su uso, especialmente si no se ha utilizado durante un tiempo prolongado. Esto ayuda a equilibrar las celdas de la batería y maximiza su autonomía.

4. Evita descargas completas: Trata de evitar que la batería se descargue por completo, ya que las descargas profundas pueden afectar negativamente su vida útil.

5. Temperatura ambiente: Procura cargar la batería a temperaturas moderadas, evitando exposición a temperaturas extremas (muy altas o muy bajas), ya que esto puede afectar su rendimiento.

Mantenimiento Y Cuidado

El mantenimiento y cuidado adecuado de una ebike es fundamental para garantizar su rendimiento, durabilidad y seguridad. Aquí tienes algunas pautas generales para el mantenimiento y cuidado de tu ebike:

1. Limpieza regular: Limpia la ebike periódicamente, prestando especial atención a las áreas de transmisión, frenos y suspensión. Utiliza un paño suave y agua con jabón suave para eliminar la suciedad y los residuos.

2. Inspección de componentes: Revisa regularmente los componentes clave, como neumáticos, frenos, cadena, cambios y suspensión. Asegúrate de que estén en buen estado y ajusta o reemplaza las piezas según sea necesario.

3. Lubricación: Aplica lubricante específico para cadenas y componentes móviles, siguiendo las recomendaciones del fabricante. Esto ayuda a reducir el desgaste y asegura un funcionamiento suave.

4. Verificación de la presión de los neumáticos: Mantén la presión de los neumáticos dentro del rango recomendado por el fabricante para garantizar un manejo seguro y eficiente

5. Almacenamiento adecuado: Si no utilizas tu ebike durante un período prolongado, almacénala en un lugar seco y protegido del polvo, la humedad y las fluctuaciones extremas de temperatura.

6. Revisión de la batería: Controla regularmente la carga y el estado de la batería, asegurándote de mantenerla en condiciones óptimas.

Lavado profundo de ebike después de usarla por terreno destapado

Al lavar un ebike, es importante seguir ciertas pautas para evitar dañar los componentes eléctricos y mecánicos. Aquí tenemos algunos consejos para el lavado adecuado de una ebike:

1. Desconexión de la batería: Antes de comenzar, asegúrate de desconectar la batería de la ebike para evitar daños por humedad.

2. Limpieza suave: Utiliza un paño suave, esponja o cepillo suave junto con agua y jabón suave para limpiar la superficie de la ebike, evitando el uso de chorros de alta presión que puedan dañar los componentes eléctricos.

3. Evita el contacto directo con agua: Evita mojar directamente las áreas eléctricas y electrónicas, como el motor, la pantalla y las conexiones eléctricas. En su lugar, utiliza un paño húmedo para limpiar estas áreas.

4. Secado adecuado: Después de la limpieza, asegúrate de secar completamente la ebike con un paño suave y absorbente para evitar la acumulación de humedad.

5. Lubricación posterior: Tras el lavado, es posible que sea necesario volver a lubricar las cadenas y otros componentes móviles según las recomendaciones del fabricante.

Compromisos

DECLARACIÓN DE CONDICIONES

Tulcán, 20 de marzo del 2024

Señores:

INSTITUTO SUPERIOR TECNOLÓGICO "VICENTE FIERRO"

Yo, estudiante:

Casanova Chávez Cristhian Xavier   Con C.C: 0450049408

Declaro ser autor del documento titulado:

Diseño y construcción de un ebike para la mejora de movilidad dentro de la ciudad de Tulcán, el cual presenta un producto consistente en un prototipo (Maqueta, máquina, prototipo, etc.).

Yo, libre y voluntariamente, autorizo al INSTITUTO SUPERIOR TECNOLÓGICO "VICENTE FIERRO" para que publique, difunda y aproveche el documento y el producto en mención, de forma independiente, a través de sus propios medios o a través de medios externos, con los propósitos educativos que a bien tenga la institución.

En caso de presentarse cualquier reclamación o acción por parte de un tercero en cuanto a los derechos morales, patrimoniales de autor, asumiremos toda la responsabilidad y saldremos a la defensa de los derechos aquí otorgados.

De igual manera, declaro, bajo juramento, que el documento y el producto aquí mencionados son de nuestra propia autoría, originales e inéditos.

Atentamente:

Casanova Chávez Cristhian Xavier   Con C.C: 0450049408

CAPITULO V

Conclusiones

La recolección de datos bibliográficos para identificar las características técnicas de un e-bike ha sido fundamental para comprender la complejidad y la diversidad de componentes que conforman estos vehículos eléctricos. A lo largo de este proceso, se ha obtenido una visión clara de los diferentes aspectos a considerar, desde la capacidad de la batería hasta las especificaciones del motor eléctrico, pasando por la geometría del cuadro y los sistemas de transmisión.

Esta investigación ha destacado la importancia de seleccionar cuidadosamente cada componente en función de las necesidades y preferencias del usuario, así como de las condiciones específicas de uso. Desde la potencia y la autonomía hasta el confort y la seguridad, cada aspecto técnico ha sido analizado con detalle para garantizar un rendimiento óptimo y una experiencia de conducción satisfactoria.

Además, se ha puesto de manifiesto la relevancia de consultar fuentes bibliográficas confiables y actualizadas para obtener información precisa y completa sobre las últimas innovaciones y tendencias en el campo de las e-bikes. Esta búsqueda activa de conocimiento ha permitido identificar las mejores prácticas y recomendaciones para la selección adecuada de componentes, así como para la evaluación de las características técnicas de cada modelo disponible en el mercado.

Tras investigar el método de movilidad dentro de la ciudad de Tulcán y su impacto económico en los usuarios, se han obtenido conclusiones significativas que arrojan luz sobre la dinámica urbana y las implicaciones financieras para la población. Se ha evidenciado que el sistema de movilidad en Tulcán es diverso y abarca una amplia gama de opciones, desde el transporte público hasta el uso de vehículos particulares y alternativas como bicicletas y caminar.

Este estudio ha revelado que la elección del método de movilidad está influenciada por una serie de factores, incluyendo la distancia a recorrer, la disponibilidad de infraestructura adecuada, el costo y la conveniencia. Para muchos residentes, el transporte público sigue siendo una opción popular debido a su accesibilidad y tarifas asequibles, aunque también se han identificado preocupaciones sobre la calidad del servicio y la congestión del tráfico.

Por otro lado, el uso de vehículos particulares sigue siendo común, especialmente entre aquellos que valoran la comodidad y la flexibilidad que ofrece la propiedad de un automóvil. Sin embargo, este método de movilidad conlleva costos significativos, no solo en términos de compra y mantenimiento del vehículo, sino también en gastos relacionados con el combustible, el estacionamiento y el tiempo perdido en el tráfico.

Además, se ha observado un creciente interés en alternativas más sostenibles y económicas, como el uso de bicicletas y caminar, especialmente para desplazamientos cortos dentro de la ciudad. Estas opciones no solo son más amigables con el medio ambiente, sino que también pueden ayudar a reducir los costos asociados con el transporte, al tiempo que promueven un estilo de vida más activo y saludable.

El proceso de construcción de un prototipo de e-bike eléctrico bajo el principio de requerimientos técnicos, conforme a la necesidad del usuario, ha sido una empresa emocionante y llena de aprendizaje. Al abordar este objetivo, se ha integrado cuidadosamente una variedad de elementos técnicos y consideraciones ergonómicas para diseñar un producto que cumpla con las expectativas y necesidades específicas de los usuarios.

A lo largo de este proceso, se ha identificado y evaluado exhaustivamente los requisitos técnicos necesarios para garantizar el rendimiento óptimo y la funcionalidad del e-bike. Desde la selección de componentes como el motor eléctrico, la batería y el sistema de transmisión, hasta el diseño del marco y la ergonomía del manillar y el asiento, cada detalle ha sido cuidadosamente considerado para asegurar una experiencia de conducción cómoda, segura y satisfactoria.

Además, se ha trabajado estrechamente con los usuarios potenciales del e-bike para comprender sus necesidades, preferencias y expectativas en cuanto al rendimiento y la usabilidad del producto. Esta colaboración ha sido fundamental para adaptar el diseño y la funcionalidad del prototipo a las demandas específicas de los usuarios, garantizando así su aceptación y utilidad en el mercado.

Al finalizar la construcción del prototipo, se ha logrado desarrollar un producto que no solo cumple con los estándares técnicos requeridos, sino que también se ajusta de manera precisa a las necesidades y deseos de los usuarios. Este enfoque centrado en el usuario ha sido clave para el éxito del proyecto y nos ha permitido crear un e-bike que esperamos contribuya de manera significativa a mejorar la movilidad y la calidad de vida de las personas.

La validación de la autonomía del e-bike eléctrico para alcanzar una mayor distancia de funcionamiento ha sido un proceso fundamental en la optimización de este vehículo para satisfacer las necesidades y expectativas de los usuarios. A través de rigurosas pruebas y análisis, se ha evaluado y refinado los componentes clave del e-bike, desde la batería y el motor eléctrico hasta el sistema de gestión de energía.

Durante este proceso, se ha realizado pruebas exhaustivas en una variedad de condiciones de conducción y terrenos para garantizar que el e-bike pueda funcionar de manera confiable y eficiente durante distancias más largas. Estas pruebas nos han permitido identificar y abordar cualquier limitación en la autonomía del vehículo, así como también optimizar su eficiencia energética para maximizar su rendimiento.

Además, se ha aprovechado tecnologías avanzadas, como sistemas de regeneración de energía y algoritmos de control inteligente, para mejorar aún más la autonomía del e-bike y prolongar su vida útil. Estas innovaciones nos han permitido alcanzar una mayor eficiencia en la gestión de la energía, lo que se traduce en una mayor distancia de funcionamiento sin comprometer el rendimiento del vehículo.

Al validar la autonomía del e-bike y trabajar para lograr una mayor distancia de funcionamiento, se ha reafirmado nuestro compromiso de ofrecer soluciones de movilidad sostenibles y efectivas. Este proceso no solo nos ha permitido mejorar el rendimiento y la competitividad del e-bike en el mercado, sino que también nos ha posicionado como líderes en la búsqueda de alternativas de transporte más eficientes y respetuosas con el medio ambiente. En resumen, se ha logrado desarrollar una ebike con una autonomía de 120 km en modo ECO y 80 km en MODO POWER. Además, se ha demostrado que alcanza una velocidad máxima de 70,5 km/h, superando así las hipótesis planteadas inicialmente tanto en términos de autonomía como de eficiencia y velocidad máxima.

Recomendaciones

Batería y autonomía: Elegir una batería de buena calidad que se adapte a tus necesidades de autonomía. Considera factores como la capacidad de la batería, el peso y el tamaño. Calcular cuidadosamente la autonomía esperada según el tipo de terreno y el estilo de conducción.

Motor y potencia: Seleccionar un motor adecuado para el ebike, considerando la potencia, el par motor y la eficiencia. Asegurarse de que el motor sea compatible con el tipo de terreno que se planea recorrer y el peso total del sistema.

Peso y distribución de la carga: Prestar atención al peso total del ebike y cómo se distribuye. Un buen equilibrio entre el peso delantero y trasero puede mejorar la estabilidad y maniobrabilidad.

Mantenimiento y reparaciones: Planificar el mantenimiento regular del ebike y asegurarse de comprender cómo realizar reparaciones básicas. Mantener un registro de los servicios realizados y las piezas reemplazadas.

Bibliografía

Sirocobike. (3 de Septiembre de 2021). Triciclo Madd Gear Drift Trike. Obtenido de Sirocobike: https://sirocobike.com/es/bicicletas/944-el-triciclo-madd-gear-drift-trike-tiene-una-rueda-delantera-de-16-.html

Acero Ecuador . (24 de enero de 2022). Tubo rectangular. Obtenido de Acero Ecuador: https://www.acerocomercial.com/shop/product/tubo-rectangular-11604#attr=

Aorra seguros. (18 de agosto de 2021). ¿Como arreglar el acelerador de una moto? Obtenido de Aorraseguros.com: https://Aorraseguros.mx/seguros-para-motos/guias/como-arreglar-un-acelerador-de-moto/

Aibitech. (24 de Enero de 2022). Electrodo 6011. Obtenido de Aibitech.com: Aibitech

Alibaba. (3 de septiembre de 2021). Valvulas de motor . Obtenido de Alibaba : https://spanish.alibaba.com/product-detail/engine-valve-for-tecumseh-483710117.html

Alibaba. (24 de Enero de 2022). bomba de aceite. Obtenido de Alibaba.com: https://spanish.alibaba.com/product-detail/transpeed-btr-6-speeds-automatic-transmission-m78-oil-pump-60674457510.html

Amazon . (3 de Septiembre de 2021). Manija para manubrio . Obtenido de Amazon.com: https://www.amazon.com/-/es/Manija-manubrio-acelerador-motocicletas-todoterreno/dp/B06XWQ84GY

Amec. (2019). Grainer. Obtenido de https://www.grainger.com.mx/producto/DEWALT-Taladro-El%C3%A9ctrico%2C-120-V%2C-6-7-Amp%2C-0-a-4000-RPM%2C-Mandril-de-1-4%22/p/114Y91?analytics=recommendedProducts

Amec. (2021). grainger.com.

Anica automotriz. (17 de Marzo de 2020). Engranes planetarios . Obtenido de Ingenieria y mecanica automotriz: https://www.ingenieriaymecanicaautomotriz.com/que-son-los-engranajes-planetarios-y-como-funcionan/

Arcoweld. (14 de Marzo de 2017). Tipos de electrodos . Obtenido de Arcoweld: https://www.arcoweld.com/blog/conoce-electrodo-funciona-correctamente-proceso-soldadura/

Arevalo, J. (2021). Area Tecnologia .

Astrid. (2017). Revista joven . Obtenido de https://masquetrapo.com/que-son-y-para-que-sirven-los-elevadores-para-autos/

Barrera, F. (20 de Abril de 2017). Entendiendo el arbol de levas . Obtenido de California Motorcycles: https://california-motorcycles.com/blogs/mecanicAarley/entendiendo-el-arbol-de-levas-como-funciona-y-cual-elegir

BioMania. (21 de Mayo de 2009). Head Touch Buying Guide. Obtenido de Head Touch Buying Guide: http://biomania.com.br

Bolaños, A. (6 de Noviembre de 2016). Historia del Drift Trike. Obtenido de Deportes convecionales: http://deportenoconvencionales.blogspot.com/2016/11/historia-drift-trike.html

Chinese suppliers . (2014). Culata de moto Partes . Obtenido de Xingtai Winway Import : https://es.made-in-china.com/co_xtwinway/product_Ww-8257-Cg125-Motorcycle-Air-Cooled-Cylinder-Head-Motorcycle-Parts_hoyeohyey.html

Chopperon Magazine . (2020). ¿cómo funciona la caja de cambios de una moto? Chopperon Magazine , 4-5.

Cobra Trasmision . (24 de Enero de 2022). CONJUNTO DE SPRAG DE ENTRADA. Obtenido de Cobra Trasmision.com: https://cobratransmission.com/cd4e-conjunto-de-sprag-de-entrada-114195-2

Colinfurze. (2020). Hacer un triciclo de deriva motorizado con herramientas básicas. Obtenido de Youtube : https://www.youtube.com/watch?v=tMn8NqbCkDA&t=859s

Comandato. (2021). Taladro . Obtenido de Comandato.com: https://www.comandato.com/taladro-percutor-inalambrico-stanley-sbh20s2k-b3--%C2%BD--20v-brush-/p

Condori, P. S. (2014). DISEÑO DE UN BANCO DE PRUEBAS DE LA CAJA DE CAMBIOS. Tesis. La paz, Bolivia.

Cordoba. (2018). https://www.herramientasparacarros.com/. Obtenido de https://www.herramientasparacarros.com/producto/lavadora-de-inyectores-launch/

Daniel Flores . (Abril de 2018). Programa sintetico de competencia general. Obtenido de ipn.mx: https://www.ipn.mx/assets/files/cecyt4/docs/estudiantes/aulas/mescrito/sexto/matutino/automotriz/tren-y-transmision.pdf

Dercocenter. (2021).

Distribuidora Oña. (2019). Bandas de caja automatica . Obtenido de DistribuidoraOña.com: http://distonia.com.ec/producto/bandas-de-caja-automatica/

ebay. (2021). ebay . Obtenido de https://www.ebay.es/itm/TORNO-ELECTRICO-PARA-MADERA-DE-VELOCIDAD-VARIABLE-230V-370W-/303265315073

Ecured. (2018). Cautín (Soldador Eléctrico). EcuRed, 1-3.

Edgar Gastellou. (24 de 06 de 2020). https://acmax.mx/. Obtenido de https://acmax.mx/para-que-sirve-un-probador-de-baterias

Eduardo Becerra . (23 de Febrero de 2016). Diferencias entre soldadores . Obtenido de Bloc ventagneradores : https://www.ventagneradores.net/blog/diferencias-soldadores-inverter-soladores-tradicionales/

Enriquez, J. (2021). Mundo Compresor . Obtenido de https://www.mundocompresor.com/diccionario-tecnico/compresor

FatSoluciones. (2019). https://www.demaquinasyherramientas.com/.

FEpowerTOOLS. (2019). http://www.interempresas.net/.

Fernandez, M. (2017). De maquinas y herramientas.

Ferne, J. (2017). De Maquina y Herramientas .

Flores, J. (2019). diccionario.motorgiga.com.

Fuertes, M. (2018). Papeleria Tecnia . Obtenido de https://papeleria-tecnica.net/que-es-un-pie-de-rey/

Fuertes, M. (2021). Herramientas top . Obtenido de https://herramientas10.top/mejores-pistolas-de-calor/

Garcia, M. (11 de Octubre de 2016). ¿Qué cadena montar?, tipos de cadeas. Obtenido de Pruebaderuta.com: https://www.pruebaderuta.com/que-cadena-montar-tipos-y-marcas-de-cadenas-para-moto.pHp

Gardey, J. P. (2010). Definicion. de. Obtenido de https://definicion.de/torno/#:~:text=Un%20torno%20(del%20lat%C3%ADn%20tornus,va%20enrollando%20en%20el%20cilindro.

Gerling, H. (2006). Alrededor de las máquinas-herramienta. Loreto: España: Reverté S.A.

Gilbert Mauricio García Orozco. (2015). Pruebaderuta.com.

Gutierrez, A. (30 de Abril de 2018). ¿Qué es y para qué sirve el pistón? Obtenido de Autolab: https://autolab.com.co/blog/piston/

helloAuto. (2021). ¿Qué es un cilindro? Obtenido de helloAuto : https://helloauto.com/glosario/cilindro

Helloauto. (2021). Motor Monocilindrico . Obtenido de Helloauto España: https://helloauto.com/glosario/motor-monocilindrico

Insemac. (2016). Insemac Tools. Obtenido de http://www.insemactools.es/blog/index.pHp/2016/09/08/que-es-una-amoladora-y-para-que-sirve/

Itcpower. (3 de septiembre de 2021). Tanque de combustible pequeño . Obtenido de Itcpower.com: http://www.itc-powerworld.com/portable-generator/generator-accessories/small-generator-fuel-tank.html

José Luis R. (2018). https://como-funciona.co/.

Julio Maldonado . (2021). Definción del electrodo. Obtenido de definición.de: https://definicion.de/electrodo/

Lower, M. (2016). Soldadura de punto. Soldering irons, 3-5.

Luis Morales . (2022). Caja Automativa . Obtenido de Sabelotodo.org: http://www.sabelotodo.org/automovil/cajaautomatica.html

Madero, G. A. (2021). Airon Tools. Obtenido de https://www.airontools.com/herramienta/remachadora-electrica-de-316-atre-27

Make It extreme. (mayo de 2021). Making a Drift Trike. Obtenido de youtube: https://youtu.be/Q77qqlKVDds

Mateos, J. P. (15 de Julio de 2020). Covertidor de par. Obtenido de Autofacil.es: https://www.autofacil.es/tecnica/convertidor-de-par-como-funciona/179135.html

Mercado libre. (24 de Enero de 2022). Conjunto Planetario Y Flecha Transmision Automatica. Obtenido de Mercadolibre.com: https://articulo.mercadolibre.com.mx/MLM-794017668-conjunto-planetario-y-flecha-transmision-automatica-4l80-e-_JM#position=7&search_layout=stack&type=item&tracking_id=2ce5d1a4-89af-451e-8a76-dac4449b3924

Mercado libre. (24 de Enero de 2022). Flecha de salida . Obtenido de Mercadolibre.com: https://articulo.mercadolibre.com.mx/MLM-832537542-flecha-eje-salida-transmision-automatica-6l50-chevrolet-_JM

Minelight. (09 de Enero de 2012). Iluminación Básica. Obtenido de Minelight: https://minelight.com

Navarrete, J. (21 de Agosto de 2021). Las válvulas del motor. Obtenido de ActualidadMotor: https://www.actualidadmotor.com/el-rol-de-las-valvulas-del-motor/

Noriega, G. (2012). Regulación de los sistemas de iluminación. Revista Técnica de Centro de Zaragoza, 7-10.

Novacero . (13 de Agosto de 2021). Industrial metalmécanica . Obtenido de Novacero.com: https://www.novacero.com/industrial-metalmecanica-tuberia-liviana-tubos-rectangulares/

Osornico. (2009). Cambio automatico . Obtenido de Osornicol.com: https://osornino1.wordpress.com/about/

Publimotos. (2014). La caja e velocidades y su funcionamiento . Publimotos, 3-4.

R., J. L. (6 de Enero de 2018). ¿Cómo funciona un taladro? Obtenido de ¿Cómo Funciona?: https://como-funciona.co/un-taladro/

R., T. (Abril de 2014). Sistema de transmsion . Obtenido de Fuerzas de trenes de rodaje: http://sistemasdetransmisiondefuerzas.blogspot.com/2014/04/cajas-de-cambio-automaticas.html

Renting Finders . (27 de Mayo de 2021). ¿Qué es un deposito de combustible? Obtenido de RentingFinders.com: https://rentingfinders.com/glosario/deposito-combustible/

RIBEIRO, A. P. (2015). Proyecto de frabicación de un vehículo Drift trike motorizado. Pato Branco .

Rodes . (22 de Julio de 2021). Culata de motor ¿para qué sirve? . Obtenido de Rodes : https://www.ro-des.com/mecanica/la-culata-del-motor-para-que-sirve/

Ruedas online. (4 de Abril de 2021). Ruedas de muebles . Obtenido de Ruedas online.com: https://www.ruedasonline.eu/tipos-de-ruedas-para-muebles/

Sarajevo, J. (16 de Julio de 2018). Tipos de motores de motos . Obtenido de Motocicleta Amino : https://aminoapps.com/c/motocicletaamin/page/blog/tipos-de-motores-de-motos/6lLR_pzuzu6z7JxgMYYMnBKdM7Gzr0Ve8R

Soldarco. (2018). Electrodos Soldarco . Soldarco: soldadura electrica , 14.

Stanley. (2021). Promart . Obtenido de https://www.promart.pe/esmeril-de-banco-1-2-Hp-3450-rpm/p

Tecnun. (12 de marzo de 2018). EVOLUCIÓN Y REVISIÓN DE LOS CAMBIOS. Obtenido de Soteronina Files : https://soteronina.files.wordpress.com/2013/09/cambios_automaticos .pdf

Tools, T. (2021). Compratotal.com.

Tytenlinea. (24 de Enero de 2022). Eñectrodo 6013. Obtenido de Tytenlinea.com: https://tytenlinea.com/significado-caracteristicas-del-electrodo-revestido-e6013/

Uline. (24 de Enero de 2022). Ruedas estandar . Obtenido de Eus.uline.com: https://es.uline.mx/BL_1887/Standard-Casters

Universidad Nacional de la Plata. (2018). Embrague, sus partes y ¿como cambiarlo? En U. N. Plata, Embrague, sus partes y ¿como cambiarlo?

Venta generadores. (23 de Febrero de 2016). Suelda electrica. Obtenido de Venta generadores.com: https://www.ventageneradores.net/blog/diferencias-soldadores-inverter-soladores-tradicionales/

Wikipedia . (2018).

Wikipedia. (2018). wikipedia . Obtenido de https://es.wikipedia.org/wiki/L%C3%A1mpara_frontal

Zaragoza. (2017). Revista tecnica, centro Zaragoza . Obtenido de https://revistacentrozaragoza.com/paso-paso-regulacion-los-sistemas-iluminacion/

MIX
Papier aus verantwortungsvollen Quellen
Paper from responsible sources
FSC® C105338

Printed by Books on Demand GmbH, Norderstedt / Germany